THE MYSTERY OF RELATIVITY

從震驚世界的 E=mc²
到遺憾未完的統一場論
摘下愛氏相對論的神祕面紗

高鵬 —— 著

從狹義到廣義，揭開

相對論奧祕

時間空間為何物？
物質運動何相關？
剪不斷來理還亂，
且看愛氏相對論——

U0087509

◎ 到底有沒有逆轉時間箭頭的可能性？
◎ 人類真的能實現超時空之旅的夢想嗎？
◎ 萬一有一天宇宙開始收縮了，時間會倒流嗎？

《量子的星際漂流》作者全新科普力作
跟著本書走進相對論，探索時空奧祕，領略宇宙！

「宇宙最不可理解的事情是，它是可以被理解的。」——阿爾伯特·愛因斯坦

目錄

自序 ……………………………………………………………………………005

第一部分　狹義相對論

1　時間與空間　最熟悉的陌生人 ………………………………… 010

2　牛頓時空觀　固定舞臺上的世界 …………………………… 020

3　以太危機與光速之謎 …………………………………………… 028

4　經典時空變換 …………………………………………………… 038

5　狹義相對論的建立 ……………………………………………… 043

6　震驚世界的 $E = mc^2$ ………………………………………… 059

7　牛頓時空觀的顛覆 ……………………………………………… 077

8　四維時空奇景 …………………………………………………… 092

第二部分　廣義相對論

9　廣義相對論的建立 ……………………………………………… 118

10　重力場與時空彎曲 ……………………………………………… 139

11　廣義相對論的實驗驗證 ………………………………………… 158

12　愛因斯坦的宇宙 ………………………………………………… 176

13　超時空之旅 ……………………………………………………… 193

14　時間之箭 ………………………………………………………… 209

第三部分　統一場論

15　時空與萬物至理 ………………………………………………… 218

後記 ……………………………………………………………………231

自序

詩曰：

> 時間空間為何物？物質運動何相關？
> 剪不斷來理還亂，且看愛氏相對論。

什麼是相對論？我想最有資格回答這個問題的人非愛因斯坦莫屬。愛因斯坦在著作中指出：相對論是以對運動、空間和時間的貫徹一致的物理解釋為基礎的一種物理理論。提到運動顯然離不開物質，所以物質也應該囊括在其中。這樣一來，相對論實際上就是一種解釋宇宙整體規律的理論了，因為宇宙就是時空以及其中所包含的物質及運動。

自古以來，宇宙就是人類永恆的話題。浩渺的宇宙充滿了神祕，也引發了人類無數的幻想。愛因斯坦曾說過：「為什麼相對論及其如此遠離日常生活的概念和問題會在大眾中引起持久而強烈的回響，有時甚至達到了狂熱的程度，這一點我從來沒有想清楚……」其實，我覺得可以從他所說的另一段話中來尋找答案：「我們所能擁有的最美妙的情感體驗就是神祕……誰要是對神祕失去了興趣，不再好奇、不再驚訝，那他就失去了活力。」任何一個有活力的人，都對探索未知充滿了興趣。相對論是解開宇宙之謎的鑰匙，所以，儘管它與日常生活無關，還是引起了無數人的狂熱，因為它把人們帶進了最美妙的神祕體驗中。

依愛因斯坦自己的說法，相對論分為三層境界：第一層是狹義相對論，第二層是廣義相對論，第三層是統一場論。遺憾的是，第三層境界愛因斯坦盡其畢生精力也沒能完成，所以，目前人們只把相對論的發展分為兩個層次：狹義相對論和廣義相對論。廣義相對論是狹義相對論的延續，狹義相對論則是廣義相對論的一種極限情況。我們都知道狹義相對論很精

彩，但是，廣義相對論更精彩！狹義相對論建立了四維時空的概念，廣義相對論則找到了解鎖時空密碼的鑰匙！

本書以愛因斯坦建立狹義和廣義相對論的思想歷程，以及物理學家們對時空和宇宙的探索為主線，循序漸進地介紹了相對論的產生、發展、驗證與應用，介紹了各種神奇的相對論效應和宇宙學奇觀，深入剖析了時空的本性，釐清了一些容易產生誤解的問題，另外還簡單介紹了統一場論。作為一本科普讀物，本書涵蓋了光速現象、鐘慢尺縮、質能互換、閔氏時空、時空旋轉、時空圖、光錐（Light cone）、重力場（Gravitational field）、時空度規、時空彎曲、重力透鏡（Gravitational lensing）、重力波（Gravitational wave）、時間箭頭、時空量子化、多維時空等相對論中，引人入勝的大部分內容，也涵蓋了宇宙的基本圖景、宇宙的過去和未來、暗能量（Dark energy）、黑洞（Black hole）、白洞（White hole）、蟲洞（Wormhole）、時空旅行等相關的宇宙學方面的內容，還涉及了原子彈、氫彈、衛星導航、相對論效應的視覺圖像模擬等相關技術，同時還把歷史趣事穿插其中，以使讀者在輕鬆的氣氛中完成對奇妙的相對論世界的探索。

相對論與量子力學並稱為現代物理的雙璧，想寫好它絕非易事。我最早接觸相對論時，就曾陷入過這樣的困境：為什麼光速是速度的極限？尺縮鐘慢的根本原因是什麼？如何理解運動雙方都覺得對方的量尺縮短了？為什麼時間和空間可以組合在一起，其科學道理為何？等等。如果這些問題不說清楚，就會使讀者覺得相對論很難理解。這種情況我在本書中是盡力避免的，我力求達到讓讀者知其然而更知其所以然的目的，相信讀者朋友們讀完本書後，相對論的神祕面紗會被摘下，如果你能有豁然開朗的感覺，對我來說就是最大的成功。

本書中出現了少量的公式，這些公式都是相對論中最精華的公式以及

理解相對論所必需的，而且只要具備初等數學知識就能看懂，並不會給讀者帶來額外的負擔。另外，在本書中，如無特別說明，「光速」均指真空光速。提醒讀者注意的是：當光射入介質中（如空氣、水等）時，會與介質中的微小粒子發生相互作用，從而導致光在介質中的表觀傳播速度減小。空氣中的光速比真空光速小萬分之幾，可近似認為二者相等。

由於本人能力所限，疏漏和不足之處在所難免，敬請讀者朋友們批評指正。

高鵬

我們所能擁有的最美妙的情感體驗就是神祕。

阿爾伯特・愛因斯坦

宇宙最不可理解的事情是，它是可以被理解的。

—— 阿爾伯特・愛因斯坦

自序

第一部分
狹義相對論

1　時間與空間　最熟悉的陌生人

相對論是關於時間、空間、物質及運動的理論，所以就讓我們從時間和空間說起吧。

古羅馬有一句流傳很廣的名言：「何為時間？無人問我，我自知曉；一旦問起，我便茫然！」這句話之所以成為名言，是因為它說出了每個人的心裡話。時間和空間，看似熟悉得不能再熟悉，細想卻陌生得不能再陌生，也許，它們是宇宙中最深奧的概念。

多少世紀以來，無數哲人在到底什麼是時間、什麼是空間的問題上用盡了腦筋，可還是無法總結出明確的概念。最後，愛因斯坦用最簡潔的語言回答了這個問題：可以用時鐘來測量的就是時間，可以用尺來測量的就是空間。那麼問題又來了，什麼是時鐘，什麼又是尺呢？

1.1　什麼是時間？

「看時光飛逝，我祈禱明天，每個小小夢想能夠慢慢地被實現……」

「我的時間滴答滴答滴答滴答不停地轉動，我的心在撲通撲通撲通撲通不停地跳動……」

每當這些美妙的歌聲響起，空氣中就會飄蕩出時間的音符，其中的意境你自然不難體會。可是如果有人問你什麼是時間，你能答上來嗎？你的頭腦中也許已經出現了答案的影子，但卻無法用合適的語言描述出來，正所謂「只可意會，不可言傳」。為什麼呢？因為我們對時間太熟悉了，熟悉到就像呼吸一樣自然，因而從來沒有去認真思考過什麼是時間。

那麼現在就請你閉上眼睛思考一下，如果你從來沒見過鐘錶，你將如何判斷時間的流逝呢？

我們的祖先就沒有鐘錶，他們的時間概念主要來自於對自然的觀察。混沌初開的遠古人類日出而作，日落而息，他們發現太陽每天都會東昇西落，周而復始，於是就出現了「日」這樣的時間單位。再透過對月亮的觀察，他們發現雖然有月圓月缺，但它也是周而復始變化的，於是就按月亮的週期性變化規律發明了另一個時間單位「月」。然後又發現春夏秋冬也是交替循環的，於是就出現了「四季」，四季合為一年，日復一日、年復一年，時間就這樣開始流逝了。

再後來，人們對滿天星辰的觀測越來越精細，他們很自然地就把年、月、日安排在一起，制定出日曆來計時，農曆中還會透過閏月來消除按月計時和按年計時的累積誤差。正所謂「天地玄黃，宇宙洪荒，日月盈昃，辰宿列張。寒來暑往，秋收冬藏，閏餘成歲，律呂調陽」。

以「日」作為計時單位，顯然在生活安排中不夠完整，於是人們又發明了日晷。最早的日晷就是立在地上的一根木桿，後來做成一根有一定傾斜角度的指針（見圖 1-1），在每一天內，透過這根指針的陽光投影可以把一天分成不同的時刻，以方便在更小尺度下計時。

圖 1-1 利用陽光投影方向來測定並劃分時刻的日晷

如果這時候讓你來總結一下古人的計時方法，你會得出什麼結論呢？沒錯，結論就是：週期性運動的物體可以用來做計時工具。無論是地球還是太陽或月亮，它們都是具有週期性運動規律的物體。「日」是靠地球自轉的週期性計時的，「月」是靠月球繞地球公轉的週期性計時的，「年」是靠地球繞太陽公轉的週期性計時的。古人也逐漸了解到了這一點，於是鐘錶就自然而然地被發明了。

1.2　鐘錶的計時原理

到了 17 世紀，義大利物理學家伽利略偶然注意到，懸掛在空中的吊燈被風吹動後，會有規律地晃來晃去，他用自己的脈搏來計時，發現吊燈往返運動的時間總是相等的。經過實驗，他發現用繩子懸掛的物體在小幅擺動時，只要繩子長度不變，不管擺動幅度有多大，它返回原位的時間總是相同的（見圖 1-2）。

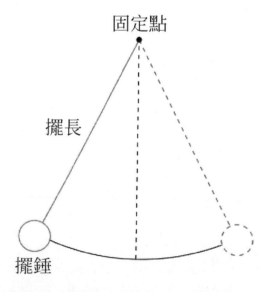

圖 1-2 單擺的週期性擺動，擺角較小時，單擺週期只與擺長有關

　　實際上，伽利略已經發現了單擺的等時性原理。在一根繩子的末端綁上一個小鐵球，就製成了一個單擺。單擺是利用重力位能（Gravitational potential energy）和動能之間的相互轉化而進行週期性擺動的，滿足能量守恆定律（Law of conservation of energy）。小鐵球被釋放後擺回到原點所用的時間就是單擺的擺動週期，小角度單擺的擺動週期只與擺長有關，而與擺錘的質量和擺動角度無關。

　　發現單擺具有週期性運動後，伽利略想到了用它來計時。西元 1637年，他設計出了根據單擺原理製作的鐘錶裝置圖。西元 1657 年，荷蘭物理學家惠更斯（Huygens）利用伽利略的裝置圖成功地製成了世界上第一臺擺鐘。擺鐘利用擺錘的週期性運動來控制其他零件，透過齒輪組記錄鐘擺的次數並緩慢驅動指針轉動。當然，由於空氣阻力，以及各種零件的摩擦阻力，鐘擺的週期會逐漸受到影響，所以需要隔一段時間上一次發條，以使其繼續擺動下去。

　　最初擺鐘的誤差大約是每天 10 秒，後來經過不斷改進，計時越來越精確。1920 年，英國人肖特製造出雙擺天文守時鐘，其誤差僅每天幾個毫秒，達到了機械鐘的巔峰。

　　伽利略·伽利萊（Galileo Galilei, 1564-1642），義大利物理學家、天文學家，現代科學先驅。伽利略出生在以比薩斜塔聞名的城市比薩，他在19 歲就發現了單擺的等時性原理。伽利略倡導數學與實驗相結合的研究方法，他提出了原始的慣性定律和慣性座標系的概念，發現了自由落體定律，定義了加速度的概念，是古典力學（Classical mechanics）的鼻祖。伽利略發明了可用於天文觀察的望遠鏡，給哥白尼（Copernicus）的地動說（Heliocentrism）以決定性支持，但由於教會威脅而被迫宣布撤回他的發現，晚年被教廷判處永久軟禁。伽利略創建了一整套科學研究的方法，其

方程式大致為:觀察現象 - 提出假設 - 運用數學和邏輯進行推理 - 實驗檢驗 - 形成理論。愛因斯坦評價道:「伽利略的發現以及他所應用的科學推理方法,是人類思想史上最偉大的成就之一,象徵著物理學的開端。」

　　1929 年,一種新的鐘錶 —— 石英鐘問世了。石英鐘的主要零件是一個石英晶體振盪器。天然石英晶體你一定聽說過,它就是美麗的水晶。當然,石英鐘上用的石英晶體基本上都是人造的。石英晶體振盪器是用具有壓電效應 (Inverse Piezoelectric Effect) 的石英晶體薄片製成的,在薄片兩側導入交流電時,它就會產生很穩定的週期性振盪。石英鐘內部電子電路以此振盪週期作為計時基準信號,從而實現精確計時,誤差可控制在每天 0.1 毫秒以內。

　　到了 1950 年代,原子鐘誕生了。原子鐘是目前世界上最準確的計時工具,它是利用原子中的電子在特定能階 (Energy level) 間躍遷時輻射出的電磁波的週期來計時的,這個週期是非常穩定的。透過精準測量,人們知道電子在銫原子 (Cs-133) 基態 (Ground State) 的兩個超精細能階之間躍遷時,輻射電磁波的週期為 1/9,192,631,770s。據此,國際計量大會給出了「秒」的定義:銫原子 (Cs-133) 基態的兩個超精細能階躍遷輻射振盪 9,192,631,770 個週期所持續的時間就是 1 秒。「秒」的單位符號為「s」。

　　不論計時器如何發展,其核心原理都是利用週期性運動來計時的,從單擺的週期,到石英振盪週期,再到電磁波週期,運動週期越來越精確,所以計時也越來越精確。以後再討論計時問題的時候,任何週期性運動的物體都可以拿來當鐘錶使用,這對研究相對論是大有幫助的。

1.3 時間的本質

明白了時間概念的由來和計時工具的原理，這時候再來回答「什麼是時間」的問題，也許你就能說出答案了。仔細想想，你就會發現時間反映的是物質運動變化過程的持續性。

宇宙自誕生之日起，就開始了持續不斷的演化過程，所有物體都在持續不斷地運動變化著：電磁波在不斷地振盪，原子在不停地振動，動物的機能在不斷地更新，地球在不停地旋轉，太陽在不停地燃燒，星系在不斷地演化……從微小粒子到天體星系，無一不在以各種形式不斷地運動變化，連空間都在不斷膨脹。根據量子力學的不確定原理，沒有任何粒子能是靜止不動的，可以說，運動是永恆的，世界上沒有絕對靜止的物體。假如你看到一座雕塑，按日常說法你可以說它靜止不動，但如果深究起來，實際上它內部的原子在不停地振動、電子在不停地運動，它也在隨著地球不停地旋轉，根本靜不下來。

由於運動是永恆的，運動的結果就是事物在不斷變化，為了反映出事物運動變化的先後次序和持續性質，就需要引入「時間」這個概念，這就是時間的本質。

讓我們做一個假設，假設光線不再前進、原子不再振動、人體不再更新、宇宙不再演化、空間不再膨脹……如果宇宙中的一切運動都停止了，任何事物都不再發生變化，那麼這時候還會有時間嗎？顯然，這時候時間也停止了，也就沒有時間的概念了。所以說，是運動造就了時間，時間是對運動的反映。

1.4　什麼是空間？

　　相比於時間，空間的概念在我們腦中似乎更清晰一些。一直以來，人們憑直覺認為空間就像一個大容器，宇宙中所有物體都被容納其中。

　　對於容器我們是很熟悉的，一個長方形盒子就是一個典型的容器，這個盒子內的任意一點都可以用長、寬、高三個方向的座標表示出來，座標原點也可以任意選擇，不影響兩點之間的相對位置。整個宇宙空間當然不是一個長方形盒子，但是宇宙太大了，在我們目所能及的範圍內，我們完全可以把空間想像成是一個大盒子，我們被裝在裡頭，可以用 3D 座標來表示空間中某一點的位置（見圖 1-3）。所以我們把空間叫做三維空間。

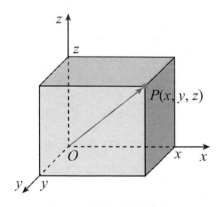

圖 1-3 三維空間座標系

　　時間是一去不復返的，但空間卻可以任由我們在其中來回走動，所以對於空間的測量，就是對各個方向距離的測量。

　　測量距離就要找出一個長度單位。最初人們用步數來測量距離，但不同人的腳步大小不一樣，於是就找一根木棍來作為單位長度，大家都按這根木棍的長度來計量，就可以統一了，這根木棍就被叫做「標準尺」。

　　不同國家的標準長度不一樣，這在古代沒什麼問題，但世界變成地球

村以後，就帶來了很多不便，於是國際上統一使用法國的量尺「公尺」來作為標準長度單位。

法國的公尺是怎麼來的呢？西元 1791 年，法國科學家提出把地球子午線的四千萬分之一的長度定為 1 公尺，並用白金製成了第一根標準公尺── 白金棒，於是「公尺」這一單位正式誕生。西元 1889 年，第一屆國際計量大會正式將其採用為國際單位制。「公尺」的單位符號為「m」。

白金棒保存得再好，也會慢慢發生細微的變形，所以當人們確認了真空光速的精確值為 299,792,458m/s 以後，國際計量大會於 1983 年對公尺做了重新定義：「公尺是光在真空中 1/299,792,458s 的時間間隔內的行走距離」。

1.3 節說過，時間是對運動的反映。如果憑直覺，你可能覺得空間與運動扯不上什麼關係。通常大家都認為空間對誰來說都是一樣的，這就是絕對空間的概念。但是根據狹義相對論卻發現，不同運動速度的人對空間距離的測量結果是不一樣的，絕對空間的概念是錯誤的！這說明我們的直覺是靠不住的，空間與運動還是有關係的。

另外，一直以來，人們都認為空間這個大容器空空蕩蕩，與其中的物質沒有任何關係，但是廣義相對論卻發現，物體會使這個容器內部發生變形。就像一個橡膠墊子上放一個鐵球，墊子會被壓出一個凹痕一樣，太陽、地球以至於每一個有質量的物體，都會把時空（包括時間與空間）壓出大大小小的「洞」。而且天文觀測發現，宇宙空間並不是靜態的，它正在不斷地膨脹。如此說來，空間也是一種物理實體了。

空間既與運動有關，又與物質有關，還是一種物理實體，這和我們腦中的印象可說是大相逕庭，原本清晰的空間圖像是不是又模糊起來了呢？我們真的了解空間嗎？

1.5 時空本性

你可能注意到了，上文中已經提到了時空，有質量的物體不光能使空間變形，也能使時間變形。時空在英語中稱為 space-time，按語序應譯作「空時」，但我們一般根據中文習慣譯成「時空」。「空時」和「時空」這兩種叫法並沒有本質的差異，它們都反映了時間 - 空間的整體性，所以沒必要計較到底哪個翻譯更好，按中文習慣叫「時空」就很好。

時空是愛因斯坦的相對論中首次出現的概念，它發現了空間和時間的神祕連繫，翻開了人類了解時空的新篇章。相對論如何把時間和空間連繫在一起，以及時空有哪些令人驚奇的特性，我們將在後文慢慢道來，本節先來了解個大概，以助你進一步思考時空的本質。

在狹義相對論範疇內，愛因斯坦發現時間是相對的，空間也是相對的，但時空作為一個整體是絕對的，他說：

「從牛頓的觀點看來，下面兩個陳述是相容的：時間是絕對的，空間是絕對的。而從狹義相對論的觀點來看，我們應這樣說：時空連續體（Space-Time Continuum）是絕對的。」

「隨著同時的相對性（Relativity of Simultaneity）的發現，空間和時間就融合為一個單一的連續體，正像以前的空間三維連續體一樣。物理空間因此擴大為四維空間，它包括了時間的一維。狹義相對論的四維空間像牛頓的空間一樣剛硬和絕對。」

愛因斯坦此處所說的四維空間就是我們常說的四維時空。「四維空間」這個概念是愛因斯坦的數學老師閔考斯基（Minkowski）在相對論的基礎上提出來的，這是數學家的名詞，表現了時空的數學意義；物理學家為了更直接地表示其物理意義，通常把它叫做「四維時空」。四維時空為相對論提供了直接的幾何圖像，對人們了解時空的本質有著重要的意義。

在狹義相對論中，兩個事件的時間間隔和空間距離在以不同速度運動的人看來是不一樣的，但他們對這兩個事件的「時空距離」的測量卻完全相同！這就是說，時間與空間並不像我們想像的那樣各行其是，它們是交織在一起的！就如愛因斯坦所言，時空作為一個整體是絕對的。

狹義相對論雖然發現了時間與空間的連繫，但是還沒有完全發現時空的本性。狹義相對論中的時空是直線的，而在廣義相對論中，愛因斯坦發現時空竟然是可以彎曲的！廣義相對論發現了時空與物質和運動之間的連繫，物質的存在會造成時空的彎曲，彎曲的時空反過來又會影響物質的運動。用物理學家惠勒（John Wheeler）的話來說就是：「物質告訴時空如何彎曲，時空告訴物質如何運動。」

不過，令愛因斯坦不滿意的是，在相對論中，物質消失後，時空不會消失，時空依然存在，只不過由彎曲變成了直線。晚年的愛因斯坦曾經表達過對上述圖像的不滿，他在《狹義與廣義相對論淺說》（*Relativity, the Special and the General Theory*）第 15 版的說明中寫道：

「我想說明，時空未必能看成是可以脫離物質世界的真實客體而獨立存在的東西。並不是物體存在於空間中，而是這些物體具有空間廣延性。這樣看來，關於『一無所有的空間』的概念，就失去了意義。」

愛因斯坦寫的這本也許只有專家才能看懂的「科普讀物」在 1917 年就出了第 1 版，上面這段話是他在 1952 年出第 15 版時特別加入的。按這段話的觀點，當物質不存在的時候，時空也不應存在，時空與物質是同存同滅的，但是相對論並未做到這一點，顯然這是愛因斯坦經過幾十年思考後得出的新的哲學觀點。我們可以順著愛因斯坦的思維設想一下，宇宙大爆炸的時候，如果沒有物質產生，時空還會誕生嗎？

愛因斯坦的哲學觀點走在了他的相對論理論前面，人類對於時空本性的探索，也許才剛剛開始……

2　牛頓時空觀　固定舞臺上的世界

　　牛頓是我們最熟悉的物理大師，因為他的古典力學描述的就是我們身邊的各種運動現象，揭開了物體的運動規律。運動與時空有著千絲萬縷的關係，討論運動就不可避免地要涉及時間和空間，所以牛頓提出了他的時空觀 —— 絕對時空。牛頓的時空觀符合人們對時空的直覺想像，如果你沒學過相對論，你肯定會和牛頓想法一致，所以絕對時空理所當然地得到了科學界的認可，而且一直延續了近 200 年。

2.1　牛頓與蘋果的那些事

　　西元 1665 年，一場大瘟疫在倫敦爆發，每週都有上千人死於瘟疫。雖說疫情主要集中在倫敦，但也漸漸影響到了英國各地。為了躲避瘟疫，各大學被迫關閉，正在劍橋大學三一學院讀研究所的牛頓回到了他的家鄉 —— 林肯郡鄉下的一個小村落，這一年他 22 歲。

　　在悠閒的鄉下，牛頓躺在蘋果樹下，咬著從樹上掉落的蘋果，神遊天際，思考自然和宇宙。瘟疫在第二年結束，而牛頓在這短短的兩年內，竟在數學、物理學和天文學中取得了舉世矚目的成就，其中就包括微積分、三大運動定律和萬有引力定律。正如他在後來的一封信中寫的那樣：「所有的這些發現，都是在西元 1665 年和西元 1666 年的鼠疫年代裡作出來的。」

　　雖然牛頓的研究，在 23 歲就取得了重大成果，但直到 42 歲，他才開始撰寫《自然哲學之數學原理》（*The Mathematical Principles of Natural Philosophy*）這部巨著。他花了 18 個月時間，用拉丁文寫成了這本書。

　　艾薩克·牛頓（Isaac Newton, 1643-1727），英國著名的物理學家、天文學家和數學家，現代自然科學的奠基人。

1687 年，《自然哲學之數學原理》（以下簡稱《原理》）正式出版。此書模仿歐幾里得《幾何原木》（*The Elements*）的格式，以「定義」開篇。牛頓首先給出的幾個基本定義如下。

※ **定義**1：物體的質量等於它的密度和體積的乘積。

※ **定義**2：物體的動量等於物體的質量和速度的乘積。

※ **定義**3：一個物體的質量是它的慣性大小的量度，質量大的物體慣性大。

※ **定義**4：外力是加於物體上的，改變其靜止或等速直線運動狀態的一種作用。

在定義了質量、動量、慣性和外力之後，牛頓給出了他總結的三大運動定律。

定律Ⅰ：每個物體都保持其靜止狀態或等速直線運動狀態，除非有外力作用於它，迫使它改變這種狀態。

牛頓認知到，只有等速直線運動才是物體的自然運動。物體之所以保持其運動狀態不變是由於它的慣性所致，所以這條定律又叫做慣性定律。

定律Ⅱ：物體的加速度於它所受的外力成正比，方向沿外力作用的直線方向，且與物體的質量成反比。

第一定律指出了物體不受外力時的運動狀態，第二定律則指出了物體受到外力作用時運動狀態如何變化。加速度的概念是伽利略最早提出的，就是速度隨時間的變化率（$\Delta v/\Delta t$）；牛頓則指出了加速度產生的原因，那就是力。牛頓第二定律的表達式簡單而優美：

$$F = ma \qquad\qquad (2\text{-}1)$$

其中 a 就是物體的加速度。

定律Ⅲ：每一個作用力總存在一個相等的而且方向相反的反作用力；或者說，兩個物體彼此施加的相互作用力總是大小相等、方向相反的。

第三定律也叫作用力與反作用力定律。既然每一個作用力都有一個反方向的反作用力，那麼有人會問，為什麼作用力與反作用力不會抵消呢？其實很簡單，因為它們並不是作用在同一個物體上，只有作用在同一物體上的力才會抵消。如圖 2-1 所示，地球對蘋果施加一個重力，蘋果也對地球施加一個重力，但這兩個力分別作用在蘋果和地球上。

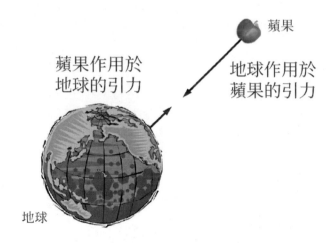

圖 2-1 地球與蘋果的作用力與反作用力

牛頓運動三定律也叫力學三定律：

※ 第一定律說明了力的含義 —— 力是改變物體運動狀態的原因。

※ 第二定律指出了力的作用效果 —— 力使物體獲得加速度。

※ 第三定律揭露出力的本質 —— 力是物體間的相互作用。

由這三個定律，牛頓推導出了一系列關於物體運動的推論、定理和命題，並討論了萬有引力定律和宇宙系統的運動，從而構建了一座古典力學的恢弘大廈。

　　《原理》的出版震懾了整個歐洲學界，牛頓一躍成為歐洲最負盛名的科學家，成為一顆最耀眼的明星，各國王公貴族都以認識他為榮。

　　牛頓為何能取得如此偉大的成就，我們可以從他的幾句名言中一窺究竟：

　　「把簡單的事情考慮得很複雜，可以發現新領域；把複雜的現象看得很簡單，可以發現新規律。」

　　「思索，繼續不斷的思索，以待天亮，漸近乃見光明。」

　　「沒有大膽的猜測就做不出偉大的發現。」

　　把這幾句話連起來看，就能看出牛頓善於思考、喜歡思考，而且知道如何思考。

　　西元 1704 年，出版《光學》（*Opticks*）。

　　西元 1707 年，出版《數學通論》（*Universal Arithmetic*）。

　　西元 1727 年 3 月，牛頓逝世，終身未娶。

　　一代天才雖然逝去，但關於他的故事則流傳下來，流傳最廣的莫過於蘋果與萬有引力的故事。這個故事的真假眾說紛紜，但牛頓自己說的一段話卻很有意思：

　　「有時候，愛情就像是樹上的一個蘋果，當你無意中散步到樹下的時候，它可能一下子就掉下來砸在你的頭上！」

　　牛頓沒把掉落的蘋果與萬有引力聯想在一起，而是和愛情聯想到了一起，對於終生未娶的牛頓來說，他真的被那顆蘋果砸中過嗎？

2.2　牛頓與微積分的那些事

牛頓是研究運動的，有一個問題是他無論如何也避不開的，那就是——運動的瞬時速度。

速度是用來表示物體運動快慢的物理量，涉及物體位置隨時間的變化，它在數值上等於單位時間內經過的路程：

$$速度 = \frac{路程}{時間間隔}，即\ v = \frac{\Delta s}{\Delta t} \tag{2-2}$$

如果一個人駕車在 10 秒內跑了 500 公尺，那麼他的平均速度是每秒 50 公尺。但是如果有人問：他在第 5 秒的速度是多少呢？在第 5 秒那一瞬間——時間短到看似停滯——那麼人看起來在那一瞬間是靜止的，他還有速度嗎？

直覺與經驗告訴我們，運動的物體在每一時刻，都有一個相應的瞬時速度。但是，如何定義並計算瞬時速度呢？

你會發現，直接照平均速度的定義方式來定義瞬時速度是行不通的，因為在某一瞬間，時間間隔是 0，物體的運動距離也是 0，如果照路程除以時間來計算，0÷0 是沒有意義的。

牛頓解決這個問題的辦法是，觀察物體在某時刻附近越來越短的時間間隔內的運動（即 $t \to t + \Delta t$ 這段時間），顯然，觀察時間越短，平均速度越能逼近物體在該時刻的瞬時速度。這個測量原則上可以推到一個極限，當時間間隔 Δt 無限趨於 0 而不等於 0 的時候，測得的速度就是 t 時刻的瞬時速度。我們把這段微小的運動距離和微小的時間間隔分別記為 ds 和 dt，稱之為「微分」。顯然，瞬時速度等於 ds 除以 dt：

$$v_{t\,時刻} = \lim_{\Delta t \to 0} \frac{\Delta s}{\Delta t} = \frac{ds}{dt} \tag{2-3}$$

這就是微分運算方法。符號 lim 是英文 limit（極限）的縮寫，用這個極限過程，可以得出一個對瞬時速度的精確描述。

如果物體運動速度忽快忽慢，或者運動方向不斷變化，就要引入加速度的概念了。加速度在數值上等於單位時間內速度的變化，可以用下式計算：

$$加速度 = \frac{速度的變化量}{時間間隔} ，即\ a = \frac{\Delta v}{\Delta t} \qquad (2\text{-}4)$$

比如一輛汽車在 10 秒內從靜止加速到時速 100 公里，那它的平均加速度就是 10km/（h·s）。也就是說，它的速度每秒鐘增加時速 10 公里。

坐汽車或電梯時，我們可以輕易感受到速度的變化，或者說能感受到加速度。牛頓第一定律說，每個物體都會保持靜止或等速直線運動狀態，除非有外力迫使它改變這種狀態。如果我們坐在車上，速度變化時必然會受到外力作用，比如司機踩一腳油門，我們就會受到車椅背的推力而增加速度，於是就有了加速的感覺。如果是一個小球放在光滑的桌面上，司機踩一下油門，由於小球有保持靜止的趨勢，在光滑的桌面上又沒有摩擦力，小球就會向後滾去（見圖 2-2）。第一定律又叫慣性定律，所以也可以簡單地說由於慣性作用我們會感受到加速度。

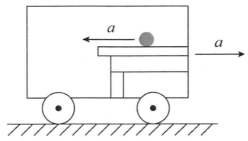

圖 2-2 加速運動的車廂內，光滑桌面上的小球會產生向後的加速度

如果想知道某一瞬間的加速度，我們也可以用微分的方法來計算：

$$a_{t\,時刻} = \lim_{\Delta t \to 0} \frac{\Delta v}{\Delta t} = \frac{\mathrm{d}v}{\mathrm{d}t} \qquad （2\text{-}5）$$

我們看到，在定義速度和加速度時，都用了求極限的方法，這種方法對物理學的發展造成了很大的推動作用。17 世紀，牛頓最先發明了這種現在稱為微積分的數學方法。牛頓當時稱之為「流數法」，他把微分法叫做「正流數法」，把微分運算的逆運算 —— 積分稱為「反流數法」。

關於誰是微積分的發明者，人們在牛頓和德國數學家萊布尼茲之間是有爭議的。事實上，牛頓和萊布尼茲差不多在同一時期各自獨立地建立了微積分方法。建立微積分的出發點是直觀的無窮小量，因此這門學科早期也稱為無窮小分析。萊布尼茲是以幾何學家的身分對這些問題產生興趣的；而牛頓則是從研究物體運動的需要而提出這些問題的。他們都研究了微分、積分的概念和運算法則，從而建立了微積分的數學基礎。據考證，牛頓在發明時間上比萊布尼茲早 10 年，而萊布尼茲公開發表的時間卻比牛頓早 3 年。現在微積分中的一些基本符號採用的都是萊布尼茲使用的符號。

2.3　牛頓的絕對時空

從速度和加速度的計算公式可以看到，研究運動一定要先弄清時間間隔和空間距離的關係，進一步說，應該先定義時間和空間。然而牛頓並沒有這樣做，他在《原理》一書中只做了一些解釋：

「我沒有定義時間、空間、位置和運動，因為它們是人人皆知的。」

「絕對的、真實的和數學的時間，由其特性決定，自身均勻的流逝，

與一切外在事物無關，又名延續。」

「絕對空間的自身特性與一切外在事物無關，處處均勻，永不移動。」

牛頓認為，時間是絕對的，時間就像一條無頭無尾的河流均勻流逝，宇宙各處的時間處處相等並同步計時。也就是說，只要兩個人對好了表，不論兩人在宇宙中如何運動，也不管他們到了宇宙中的哪一點，他們看到的時間都是相同的，這就是「絕對時間」。

牛頓認為，空間也是絕對的。絕對空間就像分布在宇宙中的巨大的三維網路結構（見圖 2-3），每一個座標點都是固定的，任意兩點之間的距離也是固定的，不受其中任何物質以及運動的影響。空間靜靜地存在在那裡，永恆不變，這就是「絕對空間」。

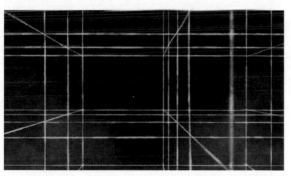

圖 2-3 絕對空間就像分布在宇宙中的靜止的三維網路

在牛頓的絕對空間裡，空間就像一個巨大的舞臺，宇宙中的物質就是舞臺上的演員，表演並不會影響舞臺，舞臺也不會影響表演。而且，即使沒有演員，這個舞臺也不會消失，它還在那裡，互古不變。牛頓認為，對任何運動來說，絕對空間都可以作為一個固定的參照物，空間就是一個絕對參考系。

絕對時間和絕對空間符合人們的直覺，就像牛頓所說的，它們是人人皆知的，所以牛頓提出絕對時空後，在 200 年內沒有任何人提出異議。

3　以太危機與光速之謎

　　與絕對時空一樣，當時的歐洲學者大腦中還存在另一個根深蒂固的觀念 —— 以太。以太（ether）這個詞聽起來很怪異，是因為它是一個音譯詞，就像我們把水（water）叫做「華特」一樣彆扭。這個詞最早由亞里斯多德提出來，他設想「以太」是充滿天地間的一種介質，這完全是一種憑空假想，沒有任何根據，但後來光學家們竟然把這個詞借用過來，並賦予它新的含義 —— 光的傳播介質。

3.1　光與以太

　　光是什麼？這個問題看似簡單，實則不然。光與時間和空間一樣，就在我們身邊，我們卻不了解它。

　　歷史上對於光的本性的爭論分為兩大派系，惠更斯主張光的波動說，牛頓則主張粒子說，物理學家們紛紛站隊，兩派幾乎水火不容。一開始人們傾向於牛頓的微粒說，因為沿直線傳播的光線怎麼看也不像波，但是隨著光的干涉（見圖 3-1）、繞射等現象的發現，人們開始傾向於波動說，粒子說逐漸式微。

　　既然光是一種波，那麼它到底是什麼波呢？西元 1865 年，英國物理學家馬克士威建立了完善的電磁理論，預言了電磁波的存在，他透過計算發現，電磁波的傳播速度與光速吻合，於是大膽地預言光就是電磁波。西元 1888 年，德國物理學家赫茲用實驗證明了電磁波的存在，並確認電磁波就是光，光就是電磁波。至此，波動說似乎完勝粒子說。

　　但是，故事還沒有結束，因為波動說無法解釋光電效應等實驗現象，人們又陷入了困惑。後來，還是愛因斯坦慧眼過人，指出光既具有粒子性

又具有波動性，他提出光由攜帶能量的基本粒子 —— 光子組成，光子具有波粒二象性（Wave–particle duality）。波粒二象性是一種很奇怪的性質，光在需要被當作粒子看待時，它就是光子流，在需要被當作波看待時，它就是電磁波，所以我們既可以把它當「光線」看，也可以把它當「光波」看，你可以根據自己研究的方便隨意選擇，這實在是太不可思議了。波粒二象性是一種普遍的量子現象，並非光子所獨有，其他粒子也都有這種性質，量子的神奇絕對超乎你的想像，感興趣的讀者不妨一讀拙著《從量子到宇宙 —— 顛覆人類認知的科學之旅》。

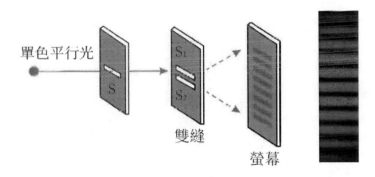

圖 3-1 楊氏雙狹縫干涉實驗示意圖。用單色平行光照射一個狹縫 S，狹縫相當於一個線光源。S 後放有與其平行的兩狹縫 S_1 和 S_2，雙縫後面放一個螢幕，可觀察到明暗相間的干涉條紋。干涉是兩列波疊加而產生的相長與相消現象，所以這個實驗證明了光是一種波

　　詹姆斯·克拉克·馬克士威（James Clerk Maxwell, 1831-1879），英國物理學家。在科學史上，牛頓把天上和地上的運動規律統一起來，實現了第一次大融合；而馬克士威則把光和電磁波統一起來，實現了第二次大融合。他於 1873 年出版的《電磁通論》（*A Treatise on Electricity and Magnetism*）奠定了電磁學基礎，成為重要的物理學經典。描述電場、磁場與電荷密度、電流密度之間關係的馬克士威方程組，可以概括所有宏觀電磁現象，被譽為世界上最優美的方程式之一。愛因斯坦評價其建樹「是牛頓以來，物理學最深刻和最富有成果的工作」。

　　雖然馬克士威建立了完善的電磁學理論，但當時人們對電磁波的傳播介質並不清楚。人們認為既然聲波、水波等波都需要傳播介質，那麼電磁波也應該有傳播介質。於是學者們推斷，「以太」就是光的傳播介質。在他們的假想中，以太是充滿了整個空間的一種彈性粒子，透明而稀薄。

　　馬克士威並沒有挑戰以太說，他認為馬氏方程組得出的光（即電磁波）的傳播速度是光相對於以太的傳播速度。其實，馬氏方程組並未對參考系的性質作過特殊規定，但當時以太說太根深蒂固了，以至於連馬克士威也深信不疑。

3.2　尋找以太行動

　　既然以太充滿整個空間，那麼地球在以太的汪洋大海中遨遊，和以太之間必有相對運動，就好像以太在反方向漂移。這就給人們提供了一種可能的途徑，即透過測量以太的漂移速度，來證實以太的存在。於是，一場大規模的、持續幾十年之久的尋找以太的行動開始了。

　　馬克士威很關心以太漂移的測量，他認為光速只有相對於以太這個參照系才是確定的，相對於其他參照系是會變化的。而這一點，正好可以用來證實以太的存在（見圖 3-2）。他在為《大英百科全書》（*Encyclopedia Britannica*）撰寫的「以太」條目中提出，可透過測量相反方向的光速變化來確定以太相對於地球的漂移速度，但他同時指出，這個變化量只有億分之一，很難測量。

　　西元 1879 年，馬克士威寫信給美國航海天文曆編制局（U.S. Nautical Almanac Office），詢問有關尋找以太的天文學可能性。這封信被邁克生讀到了，當時，年僅 25 歲的邁克生正在那裡進行光速測量工作。馬克士威的信讓邁克生對尋找以太產生了興趣，不久，他就邁出了決定性的

一步。他設計出了一種新的光學干涉系統 —— 邁克生干涉儀（Michelson Interferometer），透過兩束彼此垂直的光的干涉來比較光速的差異，據此可判斷以太的存在。這種干涉儀的靈敏度極高，可以達到馬克士威要求的精準度：億分之一。

　　圖 3-3 所示為邁克生製作的干涉儀原型，實驗在西元 1881 年完成。可是，讓邁克生失望的是，他並沒有發現光速差異現象。

　　西元 1886 年，邁克生找到一個合作者莫雷，繼續這個實驗。邁克生 - 莫雷實驗（Michelson–Morley experiment）使用的基本裝置還是邁克生干涉儀，不過經過巧妙設計，其穩定性和靈敏度大大提高。他們滿懷信心，認為這次一定有把握發現以太，而實驗結果則震動了整個物理學界。

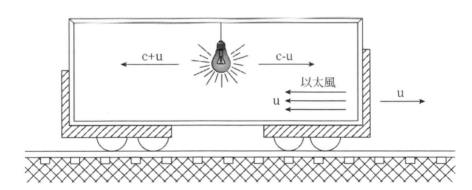

圖 3-2 當時人們認為，受「以太風」的影響，光速是會變化的。在一個相對於以太以速度 u 運動的火車中，等效於以太風向反方向「颳風」，因此，如果打開一盞電燈，則沿著運動方向的光速是 $c - u$，反方向上的光速是 $c + u$

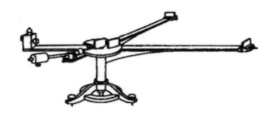

圖 3-3 最早的邁克生干涉儀

邁克生（Michelson, 1852-1931），波蘭裔美國物理學家。從 1879 年至 1926 年，邁克生前後從事光速測量工作近 50 年。1907 年，邁克生因發明光學干涉儀並用其進行光學研究而成為美國第一個諾貝爾物理學獎獲得者。1926 年，他測定的光速值為 299,796 km/s，和現在的國際標準值 299,792.458 km/s 已經很接近，成為當時公認的光速值。但是邁克生為大眾所熟知並不是因為光速測量工作，而是因為著名的邁克生 - 莫雷實驗。

3.3　邁克生 - 莫雷實驗：最成功的失敗

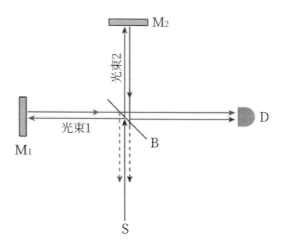

圖 3-4 邁克生干涉儀原理圖。該儀器的優點在於光源 S、兩個反射面 M_1 和 M_2、接收裝置 D 四者在空間完全分開，東西南北各據一方，便於在光路中安插其他器件，以便進行精密測量。它設計精巧，用途廣泛，許多其他干涉儀是由此派生出來的

邁克生 - 莫雷實驗使用的基本裝置還是邁克生干涉儀，其原理如圖 3-4 所示。該裝置的核心部件是位於中間的分束器，用 B 來表示。分束器是一種光學器件，它能使射到它上面的光一半透射一半反射。單色光源 S 發出的光，經分束器 B 分成反射光束 1 和透射光束 2，二者互相垂直。光束 1 經反射鏡 M_1 反射，返回 B 後再透射到接收器 D 中；光束 2 經反射鏡 M_2

反射後也返回 B，再反射到接收器 D 中。於是兩束射向 D 的光會相互疊加發生干涉，在 D 上出現干涉條紋（見圖 3-5）。

假設地球公轉會產生以太風，在圖 3-4 中，光束 1 和光束 2 相互垂直，二者受以太風的影響程度不同，其光速是不一樣的，所以兩束光在分束器與反射鏡之間折返所用的時間不同。如果這個裝置不斷旋轉，則光束與以太漂移方向的角度不斷變化，兩束光的速度將會相應地不斷變化，所以它們返回分束器的時間差不斷變化，最後反映到干涉條紋上的結果就是干涉條紋會不斷地移動，具體數值可根據光程差的變化計算。

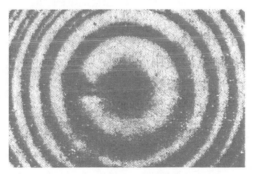

圖 3-5 邁克生 - 莫雷實驗中產生的干涉圖樣。當時實驗中的環狀條紋是用高精密度望遠鏡測量的，現在這種測量則使用光電二極體，其精準度遠高於望遠鏡

為了提高干涉儀的穩定性和靈敏度，邁克生和莫雷把光學系統安裝在大石板上，石板浮在水銀槽上，可以自由旋轉改變方位。而且光束經巧妙設計可多次反射，光程延長至 11 公尺，比邁克生西元 1881 年實驗的精準度提高了 10 倍。

他們認認真真地測量了 4 天，然而，實驗結果卻令他們大失所望。如圖 3-6 所示，圖中虛線代表干涉條紋理論位移的 1/8，也就是說，理論曲線應該比圖中虛線放大 8 倍。根據理論值，干涉條紋最大位移會達到 0.4λ（λ 為光波波長），而實際位移小於 0.01λ，這基本處於誤差範圍之內。也

就是說，光速根本沒有變化。兩人非常失望，於是把原定的後續測量計畫全部取消了。

　　實驗結果發表後，科學界大為震驚。雖然仍有科學家試圖從物體運動會拖曳以太一起運動來進行解釋，但這樣的解釋很快就被一些新設計的實驗所否定。後來不斷有科學家改進實驗裝置，以提高測量精準度，甚至考慮到了讓裝置緩慢反向轉動以補償地球自轉產生的影響，但結果是，測量越精確，越證明光速不變。到 2009 年時，測量結果顯示光速在各個方向的差異小於 3 nm/s，顯然，這只能歸結於測量誤差，光速是不變的。

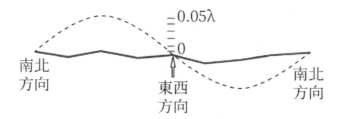

圖 3-6 邁克生 - 莫雷實驗得到的曲線。λ 為光波波長，實線是裝置沿東南西北方向旋轉一周的實驗結果，虛線要放大 8 倍才是理論預期值

3.4　勞倫茲的離奇假說：長度收縮

　　邁克生 - 莫雷實驗對以太說是致命的打擊，光速看上去絲毫不受以太的影響，也許以太壓根就不存在。但是當時的學界權威可不敢這麼想，他們絞盡腦汁地為以太說辯護。為了保留以太理論，同時還能解釋邁克生 - 莫雷的實驗結果，著名的荷蘭電磁學家勞倫茲（Lorentz）於西元 1892 年提出了長度收縮假說。

　　勞倫茲發現，如果假設邁克生干涉儀沿地球運動方向臂長縮短，就能解釋邁克生 - 莫雷實驗。於是他提出一個假說：一條相對於以太運動的剛尺，會在運動方向上產生收縮，但垂直於運動方向不會收縮。假設剛尺相

對於以太靜止時的長度為 l_0，則當它沿長度方向相對於以太以速度 v 運動時，其長度將收縮為

$$l = l_0 \sqrt{1 - v^2/c^2} \qquad （3\text{-}1）$$

這一收縮被稱為勞倫茲收縮。根據勞倫茲收縮計算邁克生干涉儀的光路距離，會發現兩束光之間不再有光程差，干涉條紋將不會移動。

勞倫茲認為這種「收縮」是一種真實發生的物理現象，他將其原因歸之於分子力的作用。

這個假說提出之後，由於它純屬推測，因此受到人們的普遍質疑。1902 年，英國物理學家瑞利（Rayleigh）指出，長度收縮如果是真實的物理現象，則可導致透明體的密度發生變化，從而產生雙折射現象（一條入射光線產生兩條折射光線的現象）。瑞利親自做了實驗，但未觀察到雙折射現象產生。兩年後，美國光學專家布雷斯（DeWitt Bristol Brace）以精湛的實驗技術重複了瑞利的實驗，其觀測靈敏度達到 $10^{12} \sim 10^{-13}$，但是，他也沒有觀察到雙折射現象。

除此以外，勞倫茲的假說還被其他一些實驗所否定。這些實驗都顯示，物體不存在真實的收縮，勞倫茲假說是有嚴重缺陷的，這也意味著，拯救以太的努力最終以失敗告終，以太說已經走到了盡頭。

3.5　發射假說：光速受光源影響嗎？

以太說已經走進了死巷，必然會被拋棄，但是路在何方卻無人知曉。在大家都在黑暗中摸索的時候，兩個新理論出現了，一個是瑞士專利局技術員愛因斯坦於 1905 年提出的相對論，另一個是瑞士物理學家里茲（Ritz）於 1908 年提出的「發射假說」。

　　發射假說雖然晚於相對論的提出，但它畢竟是物理學家提出的，所以在當時影響還挺大的。愛因斯坦在一次採訪中談到，在 1905 年以前，他曾經考慮過後來里茲提出的發射假說，但很快就放棄了，他對採訪者說，按發射假說，傳播的光會糟糕地完全「混雜在一起」，甚至可以「向著自己後退」，這是一個糟糕的假說。那麼我們就來看看這個糟糕的假說是如何糟糕的吧。

　　里茲否定了以太的存在，他假設光是光源以恆定的速度 c 發射出來的，並不需要借助任何介質來傳播。但他認為如果光源以速度 v 運動，則光的速度應為 v 和 c 的疊加。比如一個手電筒以 1,000 km/s 的速度前進，那麼打開手電筒，其發出的光將會以 301,000 km/s 的速度前進。這其實是最簡單的速度疊加原理。

　　用發射假說可以解釋邁克生 - 莫雷實驗。在邁克生干涉儀中，光源相對於測量系統是靜止的，那麼水平和垂直方向的兩束光的速度就一樣，不會變化，自然不會有干涉條紋的移動。

　　但是這個假說很快就被各種實驗證據所否定，實驗原理很簡單，只要測量運動物體發出的光的速度就可以了。

　　首先是在雙星軌道觀測中得到的證據。所謂雙星，是兩顆恆星圍繞它們共同的質量重心互相繞轉。從地球上觀察，這兩顆恆星的運動方向不同，且不斷變化，有時候朝向地球，有時候背向地球，按發射假說，它們發出的光速也在不斷變化，這樣我們就會看到雙星的運行會忽快忽慢，軌道也會不斷發生變化。但天文觀測卻從來沒有看到過這些現象，表示光速與光源的運動無關。

　　還有人曾用運動光源來做邁克生 - 莫雷實驗，以便檢驗光源的運動對光速是否有影響，結果是並沒有影響。

　　最有說服力的，是粒子加速器發明以後，測得被加速到接近光速的粒子輻射出的光仍為光速。粒子加速器是利用電場加速帶電粒子的裝置，在加速器中，電場將粒子向前推進加速而達到高能高速狀態。1960 年代，科學家們在加速器內製造出達到 $0.99975c$ 高速的 π^0 介子。π^0 介子壽命極短，會在極短時間內衰變為 γ 光子，這就相當於你用一個以 $0.99975c$ 運動的光源發出 γ 光，按發射假說，此 γ 光的速度將達到 $1.99975c$，但測定結果卻是，此 γ 光的速度仍為光速。

　　這些事實有力地說明，對於光來講，不論光源如何運動，光速都是不變的！

4　經典時空變換

人們很早就發現，什麼是運動、什麼是靜止，必須在有對照物的情況下才變得有意義。如果你在一列沒有窗戶也沒有聲音還沒有顛簸的等速行駛的火車裡睡著了，醒來的時候你能判斷火車停沒停嗎？這個問題我們在日常生活中有經驗，你肯定知道答案：不能。但是，如果要你把這件事情總結成一條物理原理，你能總結出來嗎？要知道，這可是物理學中一條極為重要的原理，連相對論都是從這條原理中孕育出來的呢！

4.1　運動的相對性與慣性系

當我們坐火車時，列車停穩後，我們會說停在月臺上的車廂處於靜止狀態，列車啟動後，我們說它處於運動狀態，它會先經歷一個加速運動過程，然後進入等速運動狀態。

大家都知道，我們所說的列車的狀態都是相對於地面而言的，如果相對於地心或太陽而言，就不是這樣的狀態了。所謂「坐地日行八萬里，巡天遙看一千河」。我們坐在地上不動，這是相對於地面靜止，可要是相對於地心的話，地球在自轉，我們也跟著旋轉，所以「坐地日行八萬里」；如果再考慮地球繞太陽的公轉、太陽系繞著銀河中心的公轉，那就是「巡天遙看一千河」了。

由此可見，靜止和運動都是相對的。在描述物體的運動時，必須首先選定另一個物體作為對照，否則就沒有意義。為了描述運動物體與對照物體之間相對位置的變化，需要給對照物體固連一個座標系，這就叫做參照系（或叫參考系）。

同一物體相對於某一參照系是靜止的，對另一參照系則可能是等速運

動的，對再一參照系又可能是非等速運動的。因此，要說明一個物體是運動或靜止，必須事先明確所用的參照系。如果在某個參照系中，　個不受外力作用的物體將保持靜止或等速直線運動狀態，我們就把這個參照系叫慣性系。

如圖 4-1 所示，如果 S 為一慣性系，則任何相對於它靜止或相對於它作等速直線運動的參照系都是慣性系，而相對於它作加速運動的參照系則是非慣性系。

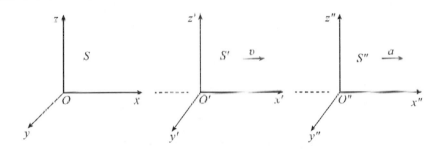

圖 4-1 如果 S 為慣性系，則相對於 S 作等速直線運動的參照系 S' 也是慣性系，而相對於 S 作加速運動的參照系 S'' 是非慣性系

嚴格來講，慣性系是不存在萬有引力作用、不存在自身加速度的參照系，由於宇宙中無處不在的引力，所以宇宙中不存在真正的慣性系，只可能在局部區域選擇近似慣性系。實驗顯示，在研究地面上物體小範圍內的運動時，地面是一個良好的慣性系；但在研究飛行器的運行時，必須考慮地球緩慢自轉的影響，這時地心座標系（座標原點在地心）就是一個更精確的慣性系；如果研究空間探測器的太空飛行，還需考慮地球的繞日公轉，應以日心座標系作為慣性系。

4.2　伽利略相對性原理

運動的相對性並不難理解，所以古人很早就知道了這一現象，成書於東漢以前的《尚書緯·考靈曜》中就有這樣的記載：

「地有四遊：冬至，地上行北而西三萬里；夏至，地下行南而東三萬里；春秋二分是其中矣。地恆動而人不知，譬如閉舟而行，不覺舟之運也。」

《尚書緯》在隋時被禁焚燬，但〈考靈曜〉中的這段文字仍然保存下來，見於隋代以後的歷代典籍中。雖然在轉引中個別字稍有增減，但基本內容是一致的。

這段話解釋了兩個意思。第一，解釋了古人知道地球在繞著太陽運動，而且是規律的週期運動；第二，說明了人感覺不到地球運動的原因，與坐在封閉的船艙中時感覺不到船的行駛是一樣的道理。

對於第二個意思，伽利略在《關於托勒密和哥白尼兩大世界體系的對話》（*Dialogue Concerning the Two Chief World Systems*: *Ptolemaic and Co-pernican*）中有過一段更生動的描述：

「船停著不動時，你留意觀察：魚向各個方向隨便游動；水滴滴進下面的罐子中；你雙腳齊跳，無論向哪個方向跳過的距離都相等。當你觀察完這些現象後，再讓船以任何速度前進，只要船是等速的，也不左右擺動，你將發現，上述現象沒有絲毫變化，你也無法從其中任何一個現象來確定船是在動還是不動。」

這些現象我們在平常坐車坐船的經歷中，早已習以為常了，我們都知道在等速直線前進的車、船中，其力學規律與地面上完全一樣。這種現象如果用物理學的語言來敘述，就是：力學定律在所有的慣性座標系中都是等價的。或者說：在任何一個慣性系中，都不可能透過任何力學實驗，來

確定這個參考系是處於靜止狀態還是等速直線運動狀態。這就是所謂的
「伽利略相對性原理」。你可千萬別小看這條看似簡單的原理,它對相對
論的誕生可是有巨大的推動作用呢。

4.3　伽利略時空變換

　　伽利略相對性原理提出來後,嚴謹的物理學家們希望透過數學的方法
來證明它。證明過程包含一組簡單的座標變換式,大家為了紀念伽利略,
把此變換命名為伽利略變換。

　　出一道簡單的應用題:你去車站送朋友,你們一個在車內,一個在車
外,面對面站立。當火車啟動後,假設忽略加速過程,火車以速度 v 等速
直線前進,那麼經過一段時間 t 以後,你的朋友離你有多遠?

　　你肯定會不假思索地給出答案:vt。沒錯,就是這麼簡單,這就是伽
利略變換的基本原理。

　　如圖 4-2 所示,設 S 和 S' 是兩個相對運動的慣性系(比如說 S 是地面,
S' 是等速運動的火車),設它們的座標軸 x 和 x' 重合,S' 以速度 v 相對於
S 沿 x 軸作等速直線運動。

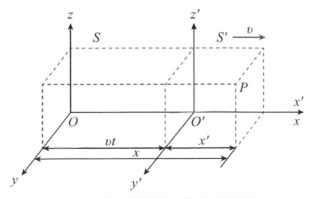

圖 4-2 P 點在兩個慣性系裡的座標變換

現在，讓我們來研究空間中任意一點 P 的座標變換。設 P 點在 S 系裡的空間座標為 $(x，y，z)$，在 S' 系裡的空間座標為 $(x'，y'，z')$。當兩個座標原點 O 和 O' 重合時，取 $t = t' = 0$，於是，兩組座標之間有如下關係：

$$\left. \begin{array}{l} x' = x - vt \\ y' = y \\ z' = z \end{array} \right\} \qquad （4\text{-}1）$$

兩個座標系的時間之間是什麼關係呢？根據牛頓絕對時間的觀念，有

$$t' = t \qquad （4\text{-}2）$$

式（4-1）和式（4-2）組合起來就是著名的伽利略變換。由於這四個式子既包含空間座標，又包含時間座標，合起來就是時空座標 $(x'，y'，z'，t')$ 與 $(x，y，z，t)$ 之間的變換，所以稱之為時空變換。

如果把這個座標變換代入牛頓力學定律中，你就會發現，當 S 系的力學定律被變換到 S' 系中時，形式是一模一樣的，這就證明了伽利略相對性原理。

在伽利略變換中，空間距離和時間間隔是絕對的，與參考系無關，所以它可以看作絕對時空觀的數學表述。

上述內容是不是太簡單了？沒錯，經典的時空變換就是這麼簡單，因為它就是我們日常的生活經驗嘛！但是，不要得意得太早，我們把時空想得太過簡單了！伽利略變換在牛頓力學中看似無懈可擊，但隨著電磁學的發展，其破綻開始逐漸顯現了。

5　狹義相對論的建立

　　1900 年，新世紀開始的第一年，物理學已經走到了大變革的邊緣。這一年，德高望重的英國物理學界權威克耳文爵士（Lord Kelvin）已經 76 歲了，為古典物理學貢獻畢生的他，對物理學的發展還是相當滿意的，但滿意之餘卻也夾雜著一絲憂慮。他意識到，如果一些困擾人們長達幾十年的問題不解決，物理學是難以前行的。

　　4 月 27 日，克耳文在英國皇家學會發表題為〈飄在熱和光動力理論上空的 19 世紀烏雲〉的著名演講，指出在古典物理學的晴朗天空中飄浮著兩朵「烏雲」，第一朵是黑體輻射規律尚無法解釋，第二朵是以太理論矛盾重重。克耳文沒想到，他所提到的這兩朵烏雲帶來了 20 世紀即將發生的最激動人心的物理學變革：量子力學和相對論。

　　有時候，幸福來得就是那麼突然。同年 12 月，德國科學家普朗克提出能量量子化假設，量子理論由此發端，第一朵烏雲已經撥雲見日了。那麼，驅散第二朵烏雲的重任會落到誰的肩上呢？當人們把期盼的目光投向各所大學的知名教授時，恐怕誰也沒有注意到那個名不見經傳的專利局小職員——阿爾伯特·愛因斯坦。

5.1　巨變的前夜

　　長期以來，伽利略相對性原理（Galileo's principle of relativity）被應用於各種力學問題中，一直都很好用。到了 19 世紀末期，隨著電磁學的發展，人們對相對性原理的適用性有了更深的興趣，於是自然而然地產生了一個疑問：電磁學定律是不是在所有慣性系中也是等價的？也就是說，相對性原理能否從力學定律擴展到電磁學乃至一切物理定律？它是否是一個普遍性的原理？

因為當時物理學家們把伽利略變換和相對性原理等同起來，所以他們解決這個問題的方式是：看看馬克士威電磁理論在伽利略變換下是否形式不變。然而，結果卻令人失望，馬克士威方程組似乎並不遵從相對性原理。

在電磁理論中，光速 c 是由馬克士威方程組導出的，假如馬氏方程組符合相對性原理，即它在所有的慣性系中形式相同，那麼就能得出一個結論：光速在所有的慣性系中都相等。可是如果按照伽利略變換去進行推導，得出的結論卻是光速在不同慣性系中並不相等。

這個結果讓人吃驚！馬克士威方程組、伽利略變換（Galilean transformation）和相對性原理三者之間出現如此矛盾，實在讓當時的物理學家們頭痛不已（見圖 5-1）。

圖 5-1 三者的矛盾到底出在哪裡

法國科學家龐加萊堅決支持相對性原理，並於 1902 年在《科學的假設》一書中對牛頓的絕對時空提出質疑。1904 年，龐加萊在一次題為〈數學物理原理〉的演講中正式表述了「相對性原理」：「所謂相對性原理，就是指根據這個原理，不管是對於固定不動的觀察者，還是對於等速運動的觀察者，各種物理現象的規律應該是相同的。」可以說，龐加萊已經走到了相對論的門前，但卻沒有推開這扇門。

1904 年，勞倫茲從一些假設出發，提出一組新的時空變換方程式——勞倫茲變換（Lorentz Transformation）（詳見 5.4 節）來取代伽利略

變換，以論證為什麼觀察不到光相對於以太的運動，或者說為什麼觀察不到光速的變化。勞倫茲雖然放棄了伽利略變換，但他的理論仍然認為以太是電磁場的載體，而且人為地引入了 11 條假設，致使概念繁瑣，理論龐雜。在他的理論中，馬氏方程組只是近似地符合相對性原理，所以他也不可能推開相對論這扇大門。

還有一本值得注意的著作，是奧地利物理學家馬赫（Ernst Mach）於西元 1883 年出版的《力學史評》。該書從經驗論的觀點出發，尖銳地批判了牛頓的絕對時空，並對以太是否存在提出質疑。《力學史評》對愛因斯坦創立相對論產生了重要的影響，他後來在悼念馬赫的文章中寫道：「昰恩斯特·馬赫，在他的《力學史評》中衝擊了這種教條式的信念，當我是一名學生的時候，這本書在這方面給了我深刻的影響。」

5.2　一篇劃時代的論文

正當各派專家們還在黑暗中摸索的時候，當時還默默無聞的愛因斯坦敏銳地察覺到，馬氏方程組、伽利略變換和相對性原理三者之間的矛盾就出在伽利略變換上。因為伽利略變換代表的是絕對時空的座標變換，而絕對時空本身就是有問題的。所以他選擇了一條正確的道路：拋棄絕對時空和根本不存在的以太，放棄伽利略變換，建立新的時空變換關係。他建立的新變換和勞倫茲 1904 年提出的變換差不多，所以也叫勞倫茲變換（詳見 5.4 節）。這樣一來，矛盾就解決了（見圖 5-2）。

圖 5-2 用勞倫茲變換取代伽利略變換矛盾就解決了

第一部分　狹義相對論

　　1905年6月，愛因斯坦寫出了論文《論運動體的電動力學》，同年9月，發表在著名的德文雜誌《物理學年鑑》上，這篇驚世駭俗的論文徹底顛覆了人們對時空的傳統觀念，正式創立了劃時代的新理論 —— 狹義相對論。

　　研究力與運動之間關係的科學稱為動力學，「電動力學」簡單來說就是帶電物體的動力學。這篇論文很長，但是條理很清晰，分為兩個部分：第一部分是運動學部分，重點提出勞倫茲變換及相對論時空效應；第二部分是電動力學部分，重點證明電磁理論在勞倫茲變換下滿足相對性原理。

　　愛因斯坦首先在引言中否定了以太和絕對靜止空間的存在，然後在第一部分提出兩條原理。

　　※ **相對性原理（Principle of relativity）**：任何物理定律在所有慣性系中都是等價的，都具有相同的數學表達形式。

　　※ **光速不變原理**：真空光速在任意慣性系中的速度恆為 c，且與光源是否運動無關。

　　透過這兩條看似簡單的原理，愛因斯坦得出「同時性是相對的」的結論。這是幫助愛因斯坦釐清相對論整體思路的一個很重要的結論，他寫道：

　　「我們不能給予同時性這個概念以任何絕對的意義。兩個事件，從一個座標系來看是同時的，而從另一個相對於這個座標系運動著的座標系來看，它們就不能再被認為是同時的了。」

　　接下來，愛因斯坦以這兩個原理為基礎，推導出了兩個存在相對運動的慣性系之間的時空變換關係 —— 勞倫茲變換。然後推導出「時間延緩」和「長度收縮」兩種讓人難以置信的相對論效應。最後推導出相對論的速度疊加定理，證明了光在真空中的傳播速度是一切物體運動的極限速度。

　　在第二部分電動力學部分，愛因斯坦證明了馬克士威方程組在勞倫茲

變換下保持形式不變，並討論了勞倫茲變換對各種電動力學現象的應用。他把勞倫茲變換施加於電場、磁場、電荷密度和電流密度，解決了　系列電磁學上的疑難問題。最後，還提出了幾個關於電子運動性質的預言，並表示這些性質可以透過實驗來驗證。

在這篇論文裡，愛因斯坦遵循著一條邏輯演算路線，開頭介紹舊理論不能解釋的難題，對舊理論提出質疑；然後提出兩個普遍性的原理，再由此推導出結果，解決難題；最後得出幾個可以用實驗來驗證的預言。整篇論文一氣呵成，脈絡清晰、論證嚴密，是科學史上不可多得的佳作。

愛因斯坦的論文簡潔明晰，不光表現在行文布局方面，還在於科學概念的高度概括。這篇論文只有兩條假設，而勞倫茲 1904 年的論文卻包含了 11 個假設。愛因斯坦曾多次強調簡單性原理，他認為科學的偉大目標是「要從盡可能少的假說或者原理出發，透過邏輯的演算，盡量涵蓋更多的經驗事實」。

5.3　相對性原理和光速不變原理

愛因斯坦建立狹義相對論的基礎是兩條基本假設，狹義相對論的所有結論都是從這兩條假設導出的，所以我們有必要來仔細分析一下這兩條假設。

第一條是相對性原理，表述為：任何物理定律在所有慣性系中都是等價的，都具有相同的數學表達形式。

伽利略相對性原理只適用於牛頓力學定律，而愛因斯坦的相對性原理適用於一切物理定律，是伽利略相對性原理的推廣。這條原理肯定了所有慣性系的平權性、不可分辨性，否定了絕對靜止慣性系的存在，由此徹底否定了絕對時空的存在。這條原理也為電磁學的發展掃除了障礙，電磁理論因有此基礎才發展成為完整的、適用於任何慣性系的理論。

另外，這條原理雖然叫「相對性原理」，說的卻是物理定律的絕對性，由此我們才能理所當然地總結各種物理定律，而不必費心考慮它是哪個座標系裡的定律。

第二條是光速不變原理，表述為：真空光速在任意慣性系中的速度恆為 c，且與光源是否運動無關。

這條原理指出，任意一個慣性系中，不論光源運動還是觀測者運動，對所有的觀測者來說，測出的真空光速都是相同的，光速是一個基本常數。

很多人可能都曾經想過，如果我們跑得夠快，能否追得上一束光？這正是愛因斯坦 16 歲時苦心思索的一個問題。根據直覺，我們會覺得只要跑得夠快，我們會離這束光越來越近，如果我們也能跑得像光一樣快的話，就能和這束光齊頭並進。但是，26 歲的愛因斯坦卻告訴你，你的直覺是錯誤的，不論你跑得多快，你永遠不會追上前面的任何一束光，光永遠以每秒 30 萬公里的速度離你遠去，這就是光速不變原理。比如圖 5-3 所示的例子中，無論何種情況下測得的光速都是 c。

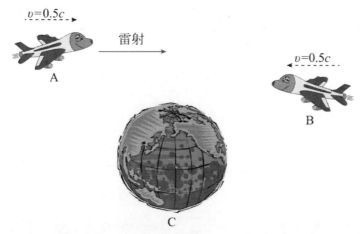

圖 5-3 太空船 A 相對於地球 C 以 0.5c 的速度飛行，太空船 B 相對於地球以 0.5c 的速度與 A 反向飛行，如果 A 發出一道雷射，則 A、B、C 三處的測量者測得這道雷射的速度都是光速 c

　　你也許會覺得光速不變原理難以理解，但所有實驗都證明事實就是這樣的，比如我們在 3.5 節提到的那些例子。而由光速不變原理所揭示的時空性質也被各種實驗所證實。一切事實都表明，它是對的！

　　光速不變原理完全摒棄了以太理論，根本沒有以太什麼事情。這樣，在以太理論下難以解釋的邁克生 - 莫雷實驗就迎刃而解了。在這個實驗中，根本就不存在地球相對於以太的速度，也不存在以太漂移速度，所以整個實驗體系處於地球慣性系中，是一個靜止的裝置，光速又恆定不變，因而光在水平和垂直方向不會產生光程差，所以不可能會有干涉條紋的移動。

　　由此，人們對電磁場有了全新的認知，電磁波可以不需要任何介質直接傳播，和水波、聲波等力學波的傳播原理完全不同，這使人們了解到電磁波就是電磁場本身的運動形式，而不是在某種介質內的機械振動現象。

　　在相對論中，相對性原理和光速不變原理是作為假設提出來的，它們不能為邏輯所證明，只能由實驗來驗證。迄今為止，所有的實驗都是支持這兩條原理及其所推得的各種結論的，所以將其上升到原理的高度並無不妥。

5.4　勞倫茲變換

　　前面提到，1904 年，勞倫茲提出勞倫茲變換來取代伽利略變換，而 1905 年，愛因斯坦也推導出了一組時空變換方程 —— 也稱為勞倫茲變換，奠定了狹義相對論的基礎。那麼，這兩個勞倫茲變換到底是什麼關係呢？它們是完全一致的嗎？

　　很多書上都說二者是一致的，說愛因斯坦推導出來的方程就是勞倫茲已經得到的方程。筆者以前對此也深信不疑，因為都叫勞倫茲變換嘛！後

來看的書多了，發現個別書上說二者不一致，筆者將信將疑。現在自己要寫書了，為了不誤人子弟，必須親自核實一下，於是費了九牛二虎之力找出兩人寫的原始論文來核對，這不看不知道，一看嚇一跳，原來兩種變換根本不一樣！

　　我們先來看一下愛因斯坦 1905 年發表的論文《論運動體的電動力學》中提出的變換。

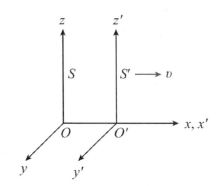

圖 5-4 勞倫茲變換座標系示意圖

　　如圖 5-4 所示，設 S 和 S' 為兩個作相對運動的慣性系，設它們的座標軸 x 和 x' 重合，S' 系相對於 S 系以速度 v 沿 x 軸作勻速直線運動。t 是 S 系中的時間，t' 是 S' 系中的時間，當兩個座標系的原點 O 和 O' 重合時，取 $t = t' = 0$，則兩組時空座標之間有如下變換關係：

$$\left.\begin{aligned} x' &= \frac{x - vt}{\sqrt{1 - v^2/c^2}} \\ y' &= y \\ z' &= z \\ t' &= \frac{t - \dfrac{v}{c^2}x}{\sqrt{1 - v^2/c^2}} \end{aligned}\right\} \qquad (5\text{-}1)$$

式中為光速。這個變換是愛因斯坦在相對性原理和光速不變原理的基礎上推導出來的。

下面再來看一下勞倫茲 1904 年發表的論文《速度小於光速的運動系統中的電磁現象》中提出的變換。

仍然可以參照圖 5-4，設 S 係為一個相對於以太靜止的慣性系（即絕對空間系），S' 係為相對於 S 系沿 x 方向以速度 v 運動的慣性系，則二者之間的變換關係如下：

$$\left.\begin{array}{l} x' = \dfrac{x}{\sqrt{1 - v^2/c^2}} \\ y' - y \\ z' = z \\ t' = \dfrac{\left(1 - \dfrac{v^2}{c^2}\right)t - \dfrac{v}{c^2}x}{\sqrt{1 - v^2/c^2}} \end{array}\right\} \qquad （5\text{-}2）$$

對於這個變換，勞倫茲並沒有給出推導過程，而是直接透過假設引入。

對比這兩組變換式，顯然它們是大有區別的，最重要的區別有以下三點。

1. 愛因斯坦的變換表示的是任意兩個慣性系之間的時空變換，而勞倫茲的變換表示的是某一慣性系相對於以太系的時空變換。
2. 變換公式看起來相似，其實不一樣，這一眼就看出來了。
3. 從愛因斯坦的變換中，可以得出兩個慣性系的座標之間滿足以下關係：

$$x^2 + y^2 + z^2 - c^2t^2 = x'^2 + y'^2 + z'^2 - c^2t'^2$$

這是一個描述時空性質的非常重要的等式，我們以後講四維時空時離不開這個等式，而勞倫茲的變換則不滿足此等式。

　　無論是從變換提出的方式，還是從變換的嚴謹性和物理意義來看，個人認為愛因斯坦的變換都不能看作勞倫茲的變換的發展，而是完全不同的全新變換，也許應該叫愛因斯坦變換才更合適。但由於相對論剛發表時人們還沒有了解到它的重大意義，甚至還有很多人反對相對論，加上當時愛因斯坦又是個沒有名氣的年輕人，於是愛因斯坦的變換，就被大家無視了。

　　到了 1906 年，龐加萊在一篇名為《電子動力學》的論文中，對勞倫茲 1904 年提出的變換進行了修正，這才寫出了與愛因斯坦變換形式完全一樣的變換式，龐加萊將其命名為「勞倫茲變換」，由此一直沿用了下來。要知道，龐加萊一直是反對相對論的。愛因斯坦率先提出這個變換，卻沒有得到命名權，這不能不說是一個歷史性的遺憾。

　　勞倫茲變換是狹義相對論的理論基礎，在狹義相對論中占據中心地位，愛因斯坦指出：「相對論要求物理學中的方程式在勞倫茲變換下保持形式不變。」正是這條判據，引導愛因斯坦發現了震驚世界的方程式：$E\square mc^2$。

　　比較伽利略變換和勞倫茲變換可看出，如果兩個慣性系之間的相對速度遠遠小於光速，則勞倫茲變換可轉化為伽利略變換。這說明伽利略變換與勞倫茲變換的低速情形較近似。

5.5　狹義相對論的發展

　　《論運動體的電動力學》發表後不久，愛因斯坦就發現了一個不為人知的關係 —— 質量和能量的關係。他寫信給好友說：

　　「我又發現電動力學論文的一個推論。相對性原理同馬克士威方程一道，要求質量成為一個物體中包含能量的一種直接量度。」

愛因斯坦在 1905 年很快發表了第二篇有關狹義相對論的論文，題為《物體慣性與其所含能量有關嗎？》，專門討論了慣性和能量的關係。在這篇論文中，他利用勞倫茲變換和相對性原理，發現物體的質量是其所含能量的量度。隨後不久他就提出了著名的質能方程式 $E = mc^2$。這樣一來，質量的內涵就被大大地擴充了，質量和能量成了等價的概念。

1908 年，愛因斯坦的大學數學老師閔可斯基提出了把三度空間和一維時間結合成一個四度空間的思想。四維閔氏空間既充分體現了相對論的時空關聯的思想，又為相對論提供了優美的幾何圖像，大大促進了相對論的發展。幾十年後，愛因斯坦給出了這樣的評價：

「在閔可斯基之前，為了檢驗一條定律在勞倫茲變換下的不變性，人們就必須對它實行一次這樣的變換；可是閔可斯基卻成功地引進了這樣一種形式體系，使定律的數學形式本身就保證了它在勞倫茲變換下的不變性。」

1909 年以後，相對論的結論為越來越多的實驗所證實，比如對高速粒子的觀察證實了相對論質量隨速度變化的關係式，相對論的動量和能量表達式解釋了氫原子光譜的精細結構，相對論質能關係在核反應實驗中的應用，等等。事實證明，相對論已成為現代物理的扎實基礎。

附錄：一塊石頭的成長史

西元 1879 年 3 月 14 日，一個普通的星期五，這一天，德國烏爾姆市誕生了一個不起眼的小嬰兒 —— 阿爾伯特・愛因斯坦（Albert Einstein）。他的父母都是猶太人，父親是一個不太成功的小工廠主，母親則是一位鋼琴家。

愛因斯坦名叫阿爾伯特，愛因斯坦是他的姓。在德文中，「愛因斯坦」這個詞的意思是「一塊石頭」。這個姓聽起來挺有趣，如果在

中國文化裡，愛因斯坦也許應該姓「石」。

愛因斯坦看上去有點發育遲緩，直到三歲還不會說話，讓他的父母擔心死了。好在有一天他突然開口說話了，說的話還很長，很令人費解。那天有個小女孩騎小自行車來訪，從未開過口的小愛因斯坦突然冒出一句話：「是的。可是，她的小輪子在哪裡呢？」這句無厘頭的話語讓客人迷惑不解，卻讓他的父母欣喜若狂，謝天謝地，他終於開口說話了。

愛因斯坦還是三歲時，有一天媽媽在彈鋼琴，忽然發現小愛因斯坦正歪著腦袋全神貫注地傾聽，媽媽開玩笑說：「瞧你這一臉正經的樣子，像個大教授！」媽媽不知道，她竟然無意中猜中了愛因斯坦未來的職業。

愛因斯坦從小就對科學表現出異乎尋常的興趣。五歲那年，父親送給他一個指南針，指南針的指針永遠只朝著一個方向，讓他感到非常驚奇，覺得一定有什麼深層次的東西隱藏在這個現象後面。這個指南針他玩了好長時間，這種深刻而持久的印象，他直到老年時還能鮮明地回憶出來。

6 歲的時候，愛因斯坦開始學拉小提琴，像其他孩子一樣，他開始時也不喜歡拉琴，只是為了服從媽媽而不得不把小提琴夾在下巴練習。但到 13 歲的時候，他終於體會到了演奏的技巧和奧妙，從此，他喜歡上了小提琴，小提琴也成為陪伴他一生的樂器。愛因斯坦曾說過：「如果我不是物理學家，就可能會變成音樂家。我整天沉浸在音樂之中，把我的生命當成樂章。我生命中大部分歡樂都來自音樂。」

12 歲那年，一個受到愛因斯坦父母資助的俄國猶太大學生送給愛因斯坦一本《聖明幾何學小書》，愛因斯坦第一次接觸到了歐基里得幾何。研究直線、圓、多邊形的平面幾何從幾個簡單的公理就可以推出許多複雜的定理，簡明扼要，推理清晰。12 歲的愛因斯坦被其中的

邏輯與美學徹底迷住了，他很快就自學完了這本書。愛因斯坦後來曾說：「12歲時的我，剛開始接觸基礎數學就驚喜地發現，僅僅透過推理便可能發現真理⋯⋯我越來越相信即便是自然也能被理解為一種相對簡單的數學結構。」

從此，愛因斯坦對數學產生了極大的興趣，他開始學習更高一級的數學知識。到16歲時，他已經自學了解析幾何、微積分等高等數學內容，而且認真地讀了一本科普讀物《自然科學通俗讀本》。從這本書中，愛因斯坦知道了整個自然科學領域裡的主要成果和方法，這對他將來步入物理領域有著深刻的影響。

《自然科學通俗讀本》把光速問題放在第一卷的最前面，以此作為所有自然觀察的開端，這個讀本還討論了「如何測量地球重量」、「如何測量電流速度」、「光強和距離有什麼關係」等有趣的問題。從這本書中，愛因斯坦了解到了很多關於光的知識。16歲那年，他就開始思考一個問題：如果他以光速追隨一束光，那麼他將看到什麼景象？電磁波會在身邊凝固嗎？他後來回憶道：「在阿勞中學這一年中，我想到這樣一個問題，如果一個人以光速跟著光波跑，那麼他就會處在一個不隨時間變化的波場中，但看來不會有這種事情！」正是這樣的思考為他開啟了發現光速不變原理的大門。

17歲時，愛因斯坦考入蘇黎世聯邦理工學院的數學物理資優班。在大學裡，他的數學老師是數學家閔考斯基，但愛因斯坦不喜歡聽他的課，經常蹺課，以至於閔考斯基對愛因斯坦印象很不好，甚至說他是懶蟲。當時兩人誰也不會想到，他們日後竟會深深地交集在一起，聯手開創一片物理新天地。

愛因斯坦的物理教授韋伯（Heinrich Weber）是一位電工專家，由於愛因斯坦喜歡物理，韋伯最初對他印象不錯，愛因斯坦第一次考大學落榜時，韋伯還鼓勵他下次再考。上大學之初，愛因斯坦以很大

的熱情去聽韋伯的課，還經常到韋伯的實驗室做實驗。但後來，他發現韋伯講的課程內容比較陳舊，特別是電磁理論，竟然不包括馬克士威的電磁場理論，這令他大失所望，於是愛因斯坦物理課也經常蹺課。

愛因斯坦在學校附近租了一間小閣樓，買來了物理大師們的著作，躲在小閣樓裡自學。他認為自學有助於獨立思考問題。正如他後來記述的那樣，他以「虔誠的狂熱」拜讀了基爾霍夫（Gustav Kirchhoff）、亥姆霍茲（Helmholtz）、赫茲、波茲曼（Boltzmann）、勞倫茲、馬克士威等人的主要著作。

這個資優班只有 5 個人，愛因斯坦常不去上課，也不知道老師們是怎麼想的，竟然隨便他。可是考試怎麼應付呢？幸虧學校裡一共只考試兩次，大二期末一次，大四畢業一次，而且愛因斯坦還有兩個好同學幫忙，這兩個好同學就是米列娃（Mileva Maric，後來成了愛因斯坦的女朋友）和格羅斯曼（Grossmann Marcell）。他們每堂課都不落，筆記記得特別認真，課後還要加以整理，每遇考試，愛因斯坦就借他們的筆記臨陣複習。這種考前抱佛腳還真見成效，大二期末的考試，愛因斯坦居然考了第一名，格羅斯曼反而是第二名。可是大四畢業考試，愛因斯坦只考了個第四，米列娃更是只考了第五 —— 倒數第一。

愛因斯坦的理論基礎那是沒得說，不過，他的實驗技能可能要差一些。他有一次做實驗因為沒有按照規範操作，結果發生了爆炸，好險沒多大規模，但把他的右手炸傷了，一段時間裡都沒法寫字。看來，天才也不可能在任何方面都是天才，還是要認清自己的專長。愛因斯坦這一點就做得非常好，他後來只搞理論不做實驗，但是他關心別人的實驗進展，也設計實驗讓別人去驗證，他把自己的專長發揮到了極致。

　　畢業時，格羅斯曼和另兩位同學都留校做了助教。愛因斯坦向韋伯申請留下來做物理助教，但韋伯沒答應，而是把助教空缺給了兩個機械系的學生，這使愛因斯坦的自尊心受到了極大的傷害，他帶著遺憾離開了學校。而他的女朋友米列娃則連文憑都沒有拿到。

　　畢業即失業，找工作對愛因斯坦來說成了一個難題。他在隨後兩年的時間裡沒有固定工作，只做過臨時的國中代課教師。好在後來在好友格羅斯曼的幫助下，他終於被瑞士伯恩專利局錄用為技術員，從事專利申請的技術鑑定工作，這一年是 1902 年，愛因斯坦 23 歲。這份工作拯救了愛因斯坦，他在後來紀念格羅斯曼的信件中寫道：「這對我是一種拯救，要不然，即使未必死去，我也會在智力上被摧毀了。」

　　第二年，愛因斯坦和米列娃正式成婚，米列娃不僅要承擔一個家庭主婦的責任，還經常和愛因斯坦討論物理問題，協助愛因斯坦做數學計算和撰寫論文。

　　在專利局工作的愛因斯坦並沒有放棄對物理的狂熱，他與貝索（Michele Besso）等幾位熱愛科學與哲學的好友組織了一個叫做「奧林匹亞科學院」的讀書社團。幾個年輕人利用休息日或下班時間，一邊讀書一邊討論。閱讀的內容廣泛，包括哲學、物理、數學和文學等。他們讀了馬赫、安培、亥姆霍茲、黎曼（Riemann）、龐加萊等人的著作，尤其是龐加萊的名著《科學與假設》，他們連著討論了幾個星期。這個小組活動了三年左右，於 1905 年秋天停止。這些讀書和討論活動對愛因斯坦建立相對論有重要影響，愛因斯坦自己也高度評價這個社團，認為俱樂部培養了他的創造性思維，促成了他在學術上的成就。雖然社團停了，但好友貝索和愛因斯坦終身都保持著聯繫，無論有什麼想法，愛因斯坦都會寫信與貝索交換意見，後來，貝索先於愛因斯坦一個月離世，二人可謂是一輩子的知音。

　　厚積必然薄發。1905 年，愛因斯坦震動了世界。他在德國的《物理學年鑑》上連續發表了四篇論文，分別為〈關於光的產生和轉化的一個啟發性觀點〉（*On a Heuristic Viewpoint Concerning the Production and Transformation of Light*）、〈根據熱的分子運動論研究靜止液體中懸浮微粒的運動〉（*On the Motion Required by the Molecular Kinetic Theory of Heat of Small Particles Suspended in a Stationary Liquid*）、〈論運動體的電動力學〉（*On the Electrodynamics of Moving Bodies*）、〈物體慣性與其所含能量有關嗎？〉（*Does the Inertia of a Body Depend Upon Its Energy Content?*）。這四篇論文每一篇都具有劃時代的意義 —— 第一篇提出光子概念，對量子力學有奠基性作用；第二篇提供了原子存在的重要證明；第三篇提出了狹義相對論，相對論正式誕生；第四篇證明了物體的質量是其所含能量的量度。隨後不久他就提出了著名的質能方程式 $E = mc^2$。後來，1905 年被稱為「愛因斯坦奇蹟年」。

　　應該說，愛因斯坦是非常幸運的。他的首篇相對論論文《論運動體的電動力學》沒有引用任何參考文獻，沒有做任何物理實驗，只是做了「理論實驗」就推翻了牛頓的時空觀和流行的以太說，而且他還只是一個名不見經傳的專利員！這樣的論文，如果被別的審稿人遇到，很可能就被丟到垃圾桶裡去了，幸運的是，他遇到的審稿人是獨具慧眼的物理學大師普朗克。愛因斯坦這幾篇論文都投到了普朗克主編的頂級期刊《物理學年鑑》上，而普朗克則連續支持了愛因斯坦所有論文的發表，從而使 1905 年成了愛因斯坦的奇蹟年。正是普朗克的慧眼識珠，才使愛因斯坦順利走上了物理學界的康莊大道。

6 震驚世界的 $E = mc^2$

檢驗一個物理方程式是否滿足相對性原理，就要看它在勞倫茲變換下是否具有不變的形式。愛因斯坦已經證明，電磁學定律在勞倫茲變換下形式不變，但遺憾的是，牛頓力學定律並不滿足這一點，因此，牛頓定律是需要修正的。透過相對論修正，愛因斯坦發現了質量和能量之間的神祕連繫：$E = mc^2$。這一公式簡潔而優美，以至於家喻戶曉，幾乎成了相對論的代名詞。

6.1 光速極限

牛頓力學定律滿足的是伽利略變換，由伽利略變換可以推出經典的速度疊加公式。舉例來說，如果火車相對於地面的運動速度是 v_1，當你在火車上以速度 v_2 向前跑時，你相對於地面的運動速度 v 就是

$$v = v_1 + v_2 \qquad (6\text{-}1)$$

在我們日常生活體驗中，這個公式是毫無問題的，可是，假如速度能達到光速的量級，比如這列火車的速度是 $0.8c$，你在火車上跑步的速度是 $0.6c$，那麼你相對於地面的運動速度是多少呢？

如果按經典疊加公式，那就是 $1.4c$ 了，輕輕鬆鬆超越光速，但是愛因斯坦告訴我們，這是錯的，光速是一切物體運動的極限速度！為什麼呢？因為經典公式是由伽利略變換得到的，而伽利略變換在高速狀態下就不適用了。

既然如此，這個速度該怎麼算呢？顯然，這時候我們要透過勞倫茲變換來導出速度合成公式，具體導出的公式如下：

$$v = \frac{v_1 + v_2}{1 + \dfrac{v_1 v_2}{c^2}} \qquad (6\text{-}2)$$

把上述例子中的 $v_1 = 0.8c$ 和 $v_2 = 0.6c$ 代入上式，可以得出 $v = 0.946c$，也就是說，在地面的人看來，你並沒有超過光速。顯然，如果 v_1 和 v_2 遠遠小於光速 c，那麼上式就可以近似成經典的速度疊加公式。

從式（6-2）可以看到，如果在火車上發出一道光，即 $v_2 = c$，那麼在地面上測量這道光的速度為：

$$v = \frac{v_1 + c}{1 + \frac{v_1 c}{c^2}} = c \tag{6-3}$$

顯然，不論火車和地面之間的相對運動速度 v_1 是多少，在地面測量的光速都是 c，這正是光速不變原理的反映。

6.2　時間能否倒流？

按照牛頓力學，宇宙中是沒有極限速度的。給物體施加一個恆定的作用力，根據牛頓第二定律，物體會產生一個恆定的加速度，不管這個加速度有多小，只要力的持續時間足夠長，總可以得到超過光速的速度。比如，一艘太空船從地球上出發，給它施加一個恆定的推力，使其加速度為 10m/s^2，按照牛頓力學，它只要一年時間就能達到光速，然後超過光速。

如果是這樣，就會出現一種不可思議的情景：你會看到時間倒流！你能看到一個嬰兒出生，是因為這個嬰兒反射的光線進入你的眼睛裡，假如沒有大氣層阻擋，這些光線會飛向宇宙深處，這個嬰兒隨後的生長、衰老直至死亡的影像光線也會連續不斷地飛向宇宙深處。如果一個外星人觀察這些光信號，他將看到這個嬰兒從出生到死亡的全過程，這沒有問題。但是如果你坐上太空船從地球出發，並不斷加速直至超過光速，那你將先看到這個人死亡，然後才看到這個人出生，因為你先追上的是後面的光線，再追上的才是前面的光線。這是多麼奇怪的景象啊！完全不符合因果邏輯。

這樣的情景到底會不會出現呢？相對論告訴我們：不會！按照相對論，一切物理定律必須在勞倫茲變換下保持形式不變。遺憾的是，牛頓力學定律並不滿足這一點。牛頓定律只是在伽利略變換下形式不變，這說明牛頓定律只是力學定律在低速狀態下的近似，高速狀態下是不適用的。

那麼我們該如何修正力學定律呢？修正要滿足兩點要求：第一，修正後的力學定律應在勞倫茲變換下保持形式不變；第二，當物體的運動速度遠小於光速時，修正後的運動方程式能自然地轉化為牛頓運動方程式。

結果發現，滿足以上兩點的唯一要求是，牛頓力學方程中的質量 m 必須用下式替換：

$$m = \frac{m_0}{\sqrt{1 - u^2/c^2}} \qquad (6\text{-}4)$$

式中，m_0 是物體在某一慣性系中保持靜止時的質量 —— 靜止質量；m 是物體在該慣性系中以速度 u 運動時的質量 —— 運動質量（或稱相對論質量）。可見，物體的質量隨速度增大而增大，質速關係曲線見圖 6-1。如果靜止質量不為零，那麼速度接近光速時，物體的質量將趨於無窮大。比如一個體重 70 公斤的太空人，如果飛行的速度達到 $0.99c$，那麼他的質量將接近 500 公斤，但是他自己卻不會感到任何變化。

質量增加效應需要在極高的運動速度下才能顯示出來，對宏觀物體而言，這樣的速度太難達到了，而被加速器加速的微觀粒子則成為滿足這個條件的絕佳試驗品。在美國史丹福大學的直線電子加速器中，當電子被加速到 $0.98c$ 時，其質量會變為靜止質量的 5 倍；當電子被加速到 $0.9999999997c$ 時，其質量會變為靜止質量的 4 萬倍，完全符合相對論的預言。

這樣，如果給物體施加一個恆定的作用力，由於物體質量隨著速度的增加而變得越來越大，它的加速度就會越來越小，當速度接近光速時，質

量趨於無窮大，是無法用有限的外力使其繼續加速的，所以光速就成為極限速度，是不可能超越的 [01]。比如本節開頭所舉的例子，雖然按照牛頓力學計算這艘太空船 1 年內就能達到光速，但根據相對論可知，1 年後其速度只能達到 $0.76c$，2 年後能達到 $0.96c$，4 年後能達到 $0.9993c$ [02]……它只能無限接近光速，但永遠不能超越。

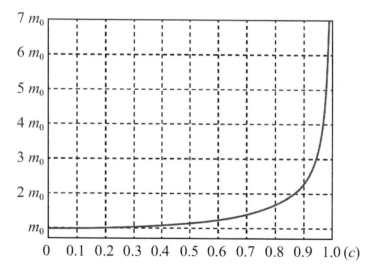

圖 6-1 物體質量隨速度的變化關係（橫座標是光速的倍數）

　　所以，如果按照相對論理論來看，就不存在時間倒流的問題。因為在相對論中，首先，太空船不會超過光速，其次，不論它以多大的速度飛行，光相對於它永遠是光速。也就是說，它永遠不會追上以前的任何一束光，在太空船上的人絕不會看到過去發生的任何事情，時間不會倒流！

---

[01]　狹義相對論指出，任何物體的運動速度以及任何信號的傳遞速度都不可能大於光速，這稱為光速極值原理。但是第三者觀察兩個物體的相對速度是可以超過光速的，因為第三者觀察的是兩個物體而不是一個物體。比如你站在鐵軌中間，看到兩列火車分別以 0.6c 的速度朝兩邊開走，那你測量兩列火車的相對分離速度就是 1.2c，但是在這兩列火車上測量對方的速度都是0.88c，並沒有超過光速。另外，不能傳遞訊息的速度也是可以超過光速的。

[02]　這個時間是以太空人的手錶為標準的，由於時間延緩效應（見第 7 章），太空人的 4 年相當於地球時間大約 27 年。

6.3 三大守恆定律的祕密

動量守恆定律、能量守恆定律和質量守恆定律是大家熟知的三大守恆定律。那麼在相對論中,質量隨速度變化,這些守恆定律又該如何遵守呢?

大量實驗結果顯示,動量守恆定律是一個普遍的定律,既適用於宏觀領域,也適用於微觀領域(比如光子和電子的碰撞、光子轉化為電子等),既適用於低速運動系統,也適用於高速系統,它是自然界中最普遍的基本規律之一。

在相對論中,動量在形式上仍可寫作 $p = mu$,不過式中的 m 應為相對論質量,即相對論動量表示式為

$$p = mu = \frac{m_0 u}{\sqrt{1 - u^2/c^2}} \qquad (6\text{-}5)$$

這就是牛頓定律的愛因斯坦修正。式中 u 表示所選慣性系中物體的運動速度。

通常情況下,動量守恆定律表述為:若質點體系不受外力作用,或所受外力的合力為零,則系統的總動量保持不變。

牛頓擺(Newton's Cradle)是一個體現動量守恆定律的最直觀的裝置(見圖 6-2)。5 個質量相同的小球由吊繩固定,彼此緊密排列,當擺動最左側的球撞擊其他球時,最右側的球會被以相同速度彈出;當最左側的兩個球同時擺動並撞擊其他球時,最右側的兩個球會被彈出;擺動 3 個、4個也都一樣。

在牛頓擺中,球與球之間的碰撞屬於彈性碰撞(Elastic collision)。打過撞球的人都知道,當母球撞擊一個靜止的球時,如果碰撞合適,母球會停在原地,而被撞球會以母球的速度被擊出,我們稱此為彈性碰撞。

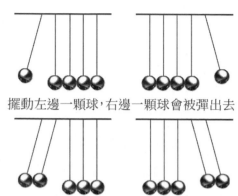

擺動左邊一顆球，右邊一顆球會被彈出去

擺動左邊兩顆球，右邊兩顆球會被彈出去

圖 6-2 牛頓擺既體現了動量守恆定律，也體現了能量守恆定律。比如拉起左邊兩顆球，如果右邊一顆球以兩倍的速度彈出去，動量也是守恆的，但這種情況卻從來不會發生，就是因為能量不守恆的原因

　　另一種情況，如果兩個物體碰撞後合成一體，則稱之為完全非彈性碰撞，比如一顆子彈打進一個木塊，然後留在木塊中和木塊一起運動。

　　讓兩個質量和速率都相等的小球對撞，如果是彈性碰撞，這兩個小球會反向彈開，以原速反向運動；如果是完全非彈性碰撞，則兩個小球會結合在一起而停在碰撞點。由於碰撞過程產生的作用力都是內力，並沒有外力作用，所以這兩種情況的動量都是守恆的，即碰撞之前的總動量等於碰撞之後的總動量。

碰撞前總動量為零

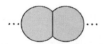

碰撞後靜止，動量為零

圖 6-3 兩個小球的完全非彈性碰撞

　　現在我們來考慮上述完全非彈性碰撞現象。假定兩個相同的小球（靜止質量為 m_0）以相等的速度 u 相向運動，彼此碰撞後結合在一起，成為一個新的物體，如圖 6-3 所示。根據動量守恆原理，新物體保持靜止。那麼這個合成後的新物體的質量是多少呢？

　　你也許會說，肯定是 $2m_0$ 啊，因為質量守恆嘛！且慢下結論，要知道，在相對論中，質量可是會變化的。根據相對論質量公式，小球的運動質量等於 $m_0/\sqrt{1-u^2/c^2}$ ，兩個小球合併為一個物體，質量加在一塊，於是可得到新物體的質量為 $2m_0/\sqrt{1-u^2/c^2}$ 。因為新物體靜止不動，所以這就是它的靜止質量。

　　但真是太讓人吃驚了，讓兩個靜止質量為 m_0 的物體運動起來，它們合成的新物體的靜止質量竟然會大於 $2m_0$！那麼這些多出來的質量是從哪裡來的呢？

　　我們來分析一下：兩個小球的運動速度 u 越大，運動質量就越大，多出來的質量就越多。u 越大，意味著小球的動能就越大，而最終的複合物體是靜止的，其動能為零，也沒有其他能量放出。那麼，小球的動能跑哪兒去了呢？顯然，能量被吸收了。被吸收的能量並沒有憑空消失，而是轉換成質量儲存了起來，複合物體多餘的質量就是由小球的動能轉換而來的！

　　能量和質量可以相互轉換，這可以說是相對論中最驚人的發現！

　　你可能會問，能量轉換成了質量，能量守恆定律豈不是被破壞了？其實，能量守恆定律不但沒被破壞，這裡還包含著一個更深層次的規律：質量和能量是等價的，能量守恆等價於質量守恆，這兩個守恆定律其實是同一條守恆定律！用愛因斯坦的話說，就是：「質量守恆定律失去了它的獨立性，而和能量守恆定律融合在一起了。」

值得一提的是，在四維時空（見第 8 章）中，能量和動量可以結合成一個四維矢量，叫「四維動量」或「能量 - 動量矢量」，這個四維矢量是守恆的，稱為能量 - 動量守恆定律。這個四維矢量的三度空間份量就是動量，且保持守恆；而它的時間份量則是能量，也保持守恆。也就是說，我們熟知的動量守恆定律和能量守恆定律實際上是一個統一的能量 - 動量守恆定律的分定律 [03]。

在相對論中，質量守恆和能量守恆是一回事，而動量守恆和能量守恆又被統一成了一條定律，講了半天，原來三大守恆定律竟然就是一條定律啊！

6.4　質能互換：$E = mc^2$

能量和質量的轉換關係在相對論中是可以嚴格推導出來的。愛因斯坦在相對論建立後不久就發現了二者之間的內在連繫：

$$E=mc^2 \qquad\qquad (6\text{-}6)$$

這個公式叫相對論質能方程，愛因斯坦將其總結為：獲得質量需要能量，質量消失釋放能量。當光速 c 用公尺 / 秒（m/s）為單位，質量 m 用公斤（kg）為單位時，能量 E 的單位是焦耳（J）。由於 c^2 數值巨大，因此很小的質量就對應著巨大的能量。

對於運動物體，式中的 m 是其運動質量，即

$$E = mc^2 = \frac{m_0 c^2}{\sqrt{1 - u^2/c^2}} \qquad\qquad (6\text{-}7)$$

---

[03]　後來德國女數學家諾特（Emmy Noether）發現，任何嚴格的守恆律都和某種對稱性有關。例如，物理規律在時間平移下不變，會導致能量守恆；在空間平移下不變，會導致動量守恆；在空間轉動下不變，會導致角動量守恆。這三種對稱性說明，不存在絕對時間、絕對空間位置和絕對空間方向。

從上式可見，當 $u = 0$ 時，即物體靜止時，它的能量並不為零，而是

$$E_0 = m_0 c^2 \qquad (6\text{-}8)$$

E_0 稱為物體的靜止能量或固有能量。也就是說，即使物體沒有運動，只要其靜止質量不為零，它就已經具有了能量。這是一個異常巨大的能量，例如 1 公克任意物質都蘊藏著 9×10^{13} 焦耳的能量，相當於燃燒 3,000 公噸煤的化學能。儘管物體的固有能量很大，但是它蘊含在物質內部，在沒有釋放出來以前，是測量不出來的，因此在牛頓力學時代人們始終不知道這一點。

顯然，當物體的質量發生 Δm 的改變時，能量有相應的變化 ΔE，它們之間的關係是

$$\Delta E = \Delta m c^2 \qquad (6\text{-}9)$$

由上式可見，如果一物體的質量發生變化，則物體的能量也一定有相應的變化。當物體吸收或放出能量時，必伴隨以質量的增加或減少。應注意的是，這裡 ΔE 並不僅指動能的變化，它包括各種能量變化，如物體因吸熱或放熱、吸收或輻射光子等所引起的能量變化。任何能量變化都伴隨著質量變化，通電以後的燈泡、加熱以後的物體、壓縮以後的彈簧，因為能量增加，它們的質量比原來都會有所增加。比如 1 公斤水從 0℃ 加熱到 100℃ 時，質量會增加 4.7×10^{-12} 公斤。

如果我們將總質量為 1 公克的一個個分離的電子聚到一起，並迫使它們聚集成一個直徑 10 公分的球體，你能猜到這個球體的質量會有多大嗎？由於電子之間相互排斥，需要很大的能量才能維持它們不分開，因而這個聚集體的質量將達到 400 億公斤！

由此可見，方程式 $E = mc^2$ 所表達的意思遠非質量和能量可以相互轉

換這麼簡單，它表達的真正意思是：能量和質量是等價的，質量就是「凝結了」的能量，質量和能量是同一枚硬幣的兩面！對此，愛因斯坦在一次演講中有過精彩的總結：

「質量和能量在本質上是類同的，它們只是同一事物的不同表達形式而已。物體的質量不是一個常量，它隨著其能量的變化而變化。」

6.5 光速的本質

在歷史上，愛因斯坦第一個發現光具有波粒二象性，後來德布羅意（Louis de Broglie）指出實物粒子也具有波粒二象性，並獲得實驗證實。

雖然光子和電子、質子等實物粒子一樣，都具有波粒二象性，但是它們之間卻有著本質的差別：光子的運動速度和光波的傳播速度是相等的，都是光速 c；而實物粒子的運動速度並不等於其物質波的傳播速度。之所以出現這種差別，就是因為靜止質量的差別：光子的靜質量為零，而實物粒子的靜質量不為零。這個差別造成的結果是，光子的速度永遠是 3×10^5 km/s[04]，而實物粒子永遠也達不到這個速度。

需要注意的是，雖然光子的靜質量為零，但它的動質量並不等於零。相對論和量子力學表明，光子的動質量由光波頻率決定，頻率越大，其動質量就越大。

在物理學家們建立的粒子物理標準模型中，宇宙中存在 62 種基本粒子，其中有三種基本粒子的靜止質量為零，分別是光子、膠子（強力的傳遞粒子）和重力子（物理學家預言重力的傳遞粒子是重力子，但到現在還沒有找到），而它們的運動速度都等於光速。

---

[04] 愛因斯坦曾說，他一輩子也沒想明白什麼是光子。他並不是在開玩笑，試想，光子只能以 3×105 km/s 的速度運動，那麼，它是如何沒有經過加速過程就直接達到這個速度的呢？其他難以理解的現象還有很多，感興趣的讀者可參閱拙著《從量子到宇宙》。

為什麼它們都以光速運動呢？這並不是巧合，而是必然的結果。透過相對論動量公式和質能方程可以證明以下兩條結論：

1. 以光速運動的粒子，靜止質量必為零；
2. 靜止質量為零的粒子，必以光速運動。

仔細思考以上結論，你就會發現，光速並不僅僅是光的速度，它是靜止質量為零的粒子的特定運動速度。這就是光速的本質。如果你不嫌麻煩的話，可以把光速叫做零靜質量粒子速度。

在此之前，你的頭腦中也許出現過以下疑問：為什麼光速不變？為什麼光的速度就是極限速度？為什麼光就這麼特殊？現在了解了光速的本質，你頭腦中的疑問就會消除了，光並不特殊，特殊的是靜止質量為零的粒子，它們被迫以光速在宇宙中飛行。靜質量為零是質量的極限，所以它們的飛行速度就是速度的極限，這是宇宙自身的規律所決定的。

6.6　核時代的開啟

1920 ～ 1930 年代，人們經常用 α 粒子轟擊各種原子以進行核物理研究，α 粒子其實就是氦原子核，是帶正電的。1932 年，中子被發現後，義大利物理學家費米（Enrico Fermi）意識到，如果用中子作為入射粒子對原子進行轟擊，要比 α 粒子有效得多。因為中子是中性粒子，轟擊原子核時不受電磁排斥作用，會有更大的碰撞機率。他立刻和助手們開展實驗，製造中子源，按照元素週期表的順序依次轟擊各種原子。

到 1934 年春，費米小組已經用中子轟擊過 68 種元素，然後開始轟擊當時所知的最重的原子 —— U-238。

鈾是元素週期表裡的 92 號元素，天然鈾礦中的鈾有三種原子，它們都有 92 個質子，但中子數分別是 142、143 和 146。把質子數和中子數加

起來就是它們的核子數，分別是 234、235 和 238，因此科學家們把這三種鈾原子記作 U-234、U-235 和 U-238。U-234 在鈾礦裡的含量只有大約 0.006%，可以忽略不計，U-235 的含量在 0.7% 左右，剩下的全是 U-238。

費米小組發現，用中子轟擊 U-238 得到的產物和用中子轟擊其他重元素大不一樣，使他們大為驚異。其實，他們已經發現了原子的核裂變現象，不過，費米當時做出了錯誤的判斷，以為是發現了 93 號元素，因此錯過了這一發現。

1938 年底，德國化學家哈恩（Otto Hahn）用慢中子轟擊鈾，經過一系列精細的實驗，他確定在產物中出現了元素鋇。哈恩對此無法解釋，於是將實驗結果寫信告訴了跟他長期合作過的同事邁特納（Lise Meitner，奧地利女物理學家）。邁特納當時正跟她的侄子弗利胥（Otto Frisch）在一起，弗利胥也是物理學家，兩人自然少不了對哈恩的結果討論一番。

弗利胥起初對此結果表示懷疑，但邁特納堅信哈恩工作嚴謹，不可能有錯。在爭論中，弗利胥想起了波耳（Neils Bohr，丹麥物理學家，量子力學領軍人物）不久前提出的「液滴模型」（The Liquid Drop Model）。這個模型是說，在某些情況下，可以把原子核想像成液滴，在外來能量的作用下，「液滴」可能由於振動而拉長。他們想，如果這時原子核被中子擊中，就可能發生分裂，鈾核被分裂成更輕的原子核，所以出現了鋇。

核分裂現象終於被發現了，弗利胥和邁特納立即撰文證明重核分裂的產生，「分裂」一詞就是他們提出來的。

核分裂一經證實，科學家們馬上意識到，由於輕重元素的原子核質量不同，核分裂過程會有可觀的質量損失，會釋放出巨大的能量，具備製造威力巨大的原子彈的潛力。很快，德國、美國、蘇聯、日本都啟動了核武計畫。最終還是美國一馬當先，於 1945 年試爆成功第一顆原子彈，人類從此進入了核子時代。

6.7 核分裂與原子彈

在正常的物理、化學或生物反應中，系統釋放出能量，也是由於系統的質量減小造成的，但這個減小的量微乎其微，與其靜質量相比小得幾乎無法觀測。但在核分裂反應中，系統的靜質量會發生可觀的改變，從而釋放出巨大的能量。

如果你把元素週期表拿來，仔細研究原子核的組成，就會發現一個有趣的現象：隨著原子序數的增大，中子數在核子中所占的比例越來越大。在 20 號元素之前，原子中的質子數和中子數大致相等；20 號元素以後，中子數和質子數的數量差距越拉越大。比如 8 號元素氧，O-16 有 8 個質子和 8 個中子，中子比例為 50%；而對於 56 號元素鋇，Ba-138 有 56 個質子和 82 個中子，中子比例為 59.4%；到了 92 號元素鈾，U-238 有 92 個質子和 146 個中子，中子比例為 61.3%。

為什麼中子的比例越來越大呢？這就要從核子之間的基本作用力說起了。

自然界中有四種基本作用力：重力、電磁力、強力和弱力。影響原子核穩定性的主要是電磁力和強力。強力是核子之間一種很強的吸引力，但是只能作用在原子核的尺度範圍內，且隨著距離增大而迅速衰減，核子間主要靠強力「聚合」在一起構成原子核。荷電粒子間的電磁力就是庫侖靜電力（Coulomb force），大家都知道，同性相斥、異性相吸。擠在原子核裡的質子因庫侖定律（Coulomb's law）而相互排斥，多虧了強力才把它們緊緊束縛在一起。

質子之間、質子和中子之間、中子之間都存在強力，但只有質子之間存在庫侖斥力，所以中子是原子核內的「黏著劑」。對於重原子核，由於質子比較多，它們互相間的庫侖斥力比輕原子核要大得多，而且距離較遠

的核子之間的強力又衰減很快，因此等量的中子數已不足以保持原子核的穩定性，所以核內需要更大量的中子來充當「黏著劑」。

仔細思考上述事實，你就會有一個驚人的發現：如果一個重原子核被中子擊中分裂成兩個輕原子核，輕核實際上用不了那麼多中子，就會有多餘的中子釋放出來，這些多餘的中子又可以繼續擊中更多的重原子核，放出更多的中子，於是重原子核會被以等比級數增加的中子轟擊，就像發生雪崩一樣瞬間分裂完畢。這就是所謂的連鎖反應（Chain reaction）（見圖6-4）。

當然，並不是所有重核被中子擊中都容易發生分裂，對於鈾來說，U-238 很難分裂，而 U-235 很容易分裂。所以在製造原子彈的過程中，從含量只有 0.7% 的鈾礦中分離 U-235 是一項非常艱巨的任務。U-235 的原子核被中子擊中後，分裂方式有幾十種，會分裂成不同的輕核，有時會放出 3 個中子，有時會放出 2 個，偶爾還有 1 個和 4 個，平均來說，分裂產生的中子數是 2.5 個。

連鎖反應會使發生核分裂的原子以指數形式增長，那麼，為什麼核分裂會放出巨大的能量呢？

這就要用到愛因斯坦的質能關係了。我們知道，能量和質量是等價的，質量就是「凝結了」的能量。這就意味原子核的質量並不一定等於單個核子（質子和中子）的質量和，還與它們之間的作用能有關。如果核子之間相互吸引，它們的總能量會降低，質量就會減輕；如果核子之間相互排斥，它們的總能量會升高，質量就會增大。我們把每種元素原子核中核子的平均質量做成一張圖（見圖6-5），就會看到它們之間的變化規則，這張圖是理解核分裂能量來源的關鍵。

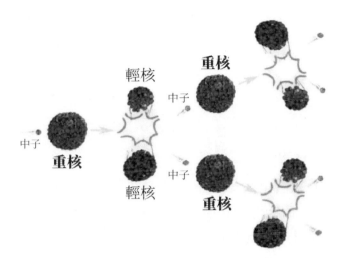

圖 6-4 連鎖反應示意圖。重原子核被中了擊中後，分裂成兩個輕核，同時釋放出兩個多餘的中子，這兩個中子下一步擊中兩個新的重原子核，又放出 4 個中子，如此持續下去，被分裂的重原子核會以指數形式增加

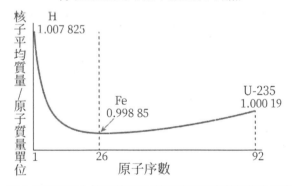

圖 6-5 原子核中核子的平均質量隨原子序數的變化關係

核子平均質量在氫原子中最大，在鐵原子中最小，圖中顯示的數值是原子質量單位（1.66×10^{-24}g）的倍數。

由圖 6-5 可見，最大的單個核子質量出現在氫原子中，它只有一個孤零零的質子。隨著原子序數的增加，核子數越來越多，它們之間既有強力的吸引作用，又有庫侖力的排斥作用（質子之間）。總體來講它們既然能聚在一起，還是吸引作用更強，因此平均質量會逐漸降低，到了鐵原子達

到極小值，這意味著鐵原子中核子之間吸引最為緊密。超過鐵元素後，這一趨勢反了過來，質子間的排斥力起的作用又開始逐漸增大，因此總能量又開始緩慢上升，平均質量也逐漸增大。

　　U-235 分裂時，分裂的碎片介於 30 號元素鋅和 64 號元素鋯之間，核子的平均質量都小於原來的質量。所以，除了釋放出去的孤立中子質量稍增大一些，其他所有核子的質量都是減少的，最終結果是分裂後這 235 個核子的總質量會減少。這時，方程式 $E = mc^2$ 就會大顯身手了，減少的質量會轉換為能量釋放出去！減少的這一點點質量雖然很小，但乘以 c^2（9 億億 m^2/s^2），這個能量就相當可觀了。

　　實際上，化學反應釋放能量的過程中質量也會減少，但是由於原子核沒有變化，所以它的質量損失比核反應小得多。化學反應釋放出來的能量，只相當於質量減少了約十億分之一，而核反應的質量損失約為千分之一，所以原子彈會釋放出比普通炸彈大上千萬倍的能量！

　　核分裂質量虧損加上連鎖反應就是原子彈的原理。但並非任意質量的 U-235 都會發生爆炸，如果用量太少，一個鈾核分裂釋放的中子可能沒等碰到另一個鈾核就從鈾塊表面逸出了，連鎖反應就無法持續。只有達到一定量才能觸發可持續的連鎖反應，這個最低用量就稱為臨界質量（Critical mass）。

　　當年德國原子彈計畫的領導者海森堡（Werner Heisenberg）就算錯了 U-235 的臨界質量，他認為至少要達到 1 公噸！而實際上裸鈾球的臨界質量僅為 60 公斤，遠遠小於他的估計。所以當海森堡聽到廣島被原子彈轟炸的消息時，他根本不相信。要知道，分離 U-235 是一項非常艱巨的任務，海森堡的估算讓德國人泄了氣。令人啼笑皆非的是，1940 年初，美國核科學家曾將 U-235 的臨界質量低估至 0.6 公斤，客觀上推動了美國的原子彈計畫。

　　原子彈在儲存的時候是將幾塊小於臨界質量的核原料分開放置的,當需要引爆時將它們瞬間合併在一起超過臨界質量,並透過內部放置的放射性中子源來引發反應,於是連鎖反應會雪崩式地建立起來,巨大的能量瞬間釋放,造成恐怖的破壞力。

6.8　核融合與氫彈

　　仔細分析圖 6-5,你會發現鈾核分裂的質量變化並不算大,質量變化最大的部分就是最開始的那一段。在這一段內,如果輕原子核融合成稍重一點的原子核(比如氫原子核融合成氦原子核),就會有很大的質量虧損。這就是核融合(Nuclear fusion),它會釋放出比核分裂還大的能量。

　　氫有三種同位素,分別是氕(H-1)、氘(H-2)、氚(H-3),它們都只有一個質子,但分別有 0、1、2 個中子。氘和氚可以發生融合反應,生成氦核(He-4)並放出一個中子。這個融合反應釋放的能量要比相同質量的鈾核分裂反應大 3 ～ 5 倍。

　　但是融合反應並不是那麼容易發生的,為了使原子核克服庫侖斥力以相互碰撞,這種反應一般需要極高的溫度(要達到 1000 萬°C以上),因此又叫熱核融合。太陽內部就在一刻不停地發生著熱核融合反應,每 4 個氫原子核融合成一個氦原子核,它每秒鐘都會有 430 萬公噸的質量虧損,這就是太陽能量的來源。

　　核融合的啟動溫度如此之高,在發明原子彈之前人們是根本不敢想像的。但是原子彈發明之後,人們發現原子彈爆炸中心溫度竟可達到幾千萬攝氏度,這就為研製氫彈開創了條件。1952 年,美國以液態的氘、氚作為熱核裝料,利用原子彈進行引爆,第一顆氫彈誕生了。但這顆氫彈重 65 公噸,體積十分龐大,沒有實戰價值。直到 1954 年找到了用固態的氘化鋰代替液態氘、氚作為熱核裝料之後,才製出可用於實戰的氫彈。

　　核能是把雙刃劍，和平利用可以作為極為高效的能源為人類服務，用於戰爭則會對地球造成毀滅性的破壞，何去何從，命運只掌握在人類自己手中。

7　牛頓時空觀的顛覆

　　「相對論」這個名字並不是愛因斯坦本人取的，而是人們在引述愛因斯坦的理論時，給它取的名字，後來愛因斯坦也認可了這個名字。這個名字很容易讓人產生誤解，以為一切都是相對的，其實，這個理論恰恰是建立在兩個絕對性的前提之上：物理定律的絕對性和光速的絕對性。在這兩個前提下，愛因斯坦發現，人們原本以為是絕對的時間和空間竟然是相對的，由此徹底改變了人們對時空的認知。

7.1　同時性的相對性

　　在生活中，我們經常會用到「同時」這個詞，比如說「兩道閃電同時擊中火車的車頭和車尾」，或者說「兩束光線同時到達車頭和車尾」等等。

　　你有沒有想過，在別人眼裡同時發生的事情在你眼裡可能並不同時呢？你也許會說，這怎麼可能呢？太荒唐了！是的，這是大多數人聽到這個問題的第一反應。在牛頓的絕對時間觀裡，宇宙中每個點的時刻在任何人看來都是一樣的，那就意味著如果一個人看到兩個事件同時發生，其他所有人都會看到這兩事件同時發生。

　　但是，愛因斯坦卻並不這樣認為。他提出一個看似簡單但還真不好回答的問題：如何判斷兩個事件是在同一時刻發生的？

　　你能回答出來嗎？

　　愛因斯坦根據光速不變原理給出了一種判斷方法：假設你站在兩個地點的正中間，如果這兩個地點發生的事件發出的光同時到達你的眼中，那就表示在你看來這兩事件是同時發生的。

　　有了這個依據，我們再來分析這個問題：別人眼裡同時發生的事情在你眼裡也一定是同時發生的嗎？

　　我們來做一個實驗，假設觀測者可以非常精細地辨別光的飛行細節。如圖 7-1 所示，設想有一列火車在地面上等速行駛，車廂正中間有一盞燈，一個站在燈下的觀察者一按開關打開燈，燈光就會向車廂兩端傳去。根據光速不變原理，他會看到燈光同時到達車廂的兩端，即他認為光信號到達車廂前端和到達後端這兩個事件是同時發生的。

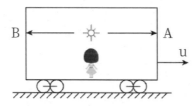

(a) 車上觀察者測得光同時到達A和B

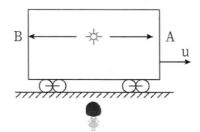

(b) 地面觀察者測得光先到達B後到達A

圖 7-1 同時性的相對性

　　然而對於站在地面上的你來說，你會看到什麼情景呢？當燈打開後，在你看來，燈光離開燈泡以光速向前、後傳播，由於火車向前行駛，光信號到達車廂兩端又需要一段時間，在這段時間內車廂向前運動了一段距離，所以燈光會先擊中車廂後端，然後才擊中前端。故在地面上看來，光信號到達車廂兩端不是同時發生的。

由此可見，同時性是相對的，在一個慣性系中不同地點同時發生的兩個事件，在另一個慣性系看來不一定是同時發生的。

為什麼會出現這樣違反直覺的結果呢？仔細分析一下，就會發現其根源在於光速不變原理。在上面的例子中，假如光速能和火車速度依照速度加成式疊加（即向前傳播的光速是 $c + u$，向後傳播的光速是 $c - u$），那麼在地面上看來，光信號到達車廂兩端也是同時的。所以說，正是光速不變原理使得同時性失去絕對的意義，同時只能是相對的。

需要注意的是，在同一地點同時發生的兩個事件，在所有慣性系中都是同時的。比如在車上由兩個燈泡發出兩束光，如果車上的人看到兩束光同時到達車廂後壁，那麼地上的人看這兩束光也是同時到達車廂後壁的。

總結一下，就是說異地發生的兩個事件，其同時性是相對的；而同地發生的兩個事件，其同時性是絕對的。

上面的結論是可以透過勞倫茲變換證明的，這一結論正是愛因斯坦建立相對論時空觀的突破點。

7.2　時間延緩效應

大家可能都聽說過「時間延緩」和「長度收縮」這兩種看似不可思議的相對論效應。其實，就像同時性具有相對性的根源在於光速不變一樣，「時間延緩」和「長度收縮」這兩種相對論效應也是光速不變原理的必然結果。這兩種效應都可以透過勞倫茲變換推導出來。

「時間延緩」也叫「動鐘延緩」，簡單來說就是運動的時鐘會變慢。這個效應還可叫做「時間膨脹」，就是說同樣的時間間隔（比如說時鐘滴答一下、波形振盪一次、脈搏跳動一下）被拉長了，跟時間變慢是一個意思。我們可以透過一個簡單的實驗來證明這個效應。

還記得第 1 章中討論過的計時方法嗎？任何週期性運動的物體都可以用來做計時工具。那麼我們來構建一個最精確的週期性運動裝置：光子鐘（Light clock）！

光子鐘的構造很簡單，就是上下兩面鏡子，一個光子在其中來回反射，如圖 7-2（a）所示。由於光速不變，所以光子的來回週期是恆定不變的，我們可以把光子在兩面鏡子中來回一次想像成「滴答」一聲，那麼這臺鐘就滴答、滴答、滴答⋯⋯不停地開始工作了。

現在，假設你把這臺光子鐘帶到一列火車上，當火車進入等速行駛狀態時，你打開開關讓光子鐘開始工作。你一定坐過火車，所以你能想像得到，在你看來，這臺鐘不會發生任何變化，光子照樣規律地在鏡子間跳動計時，滴答、滴答、滴答⋯⋯，就跟上車前一樣，如圖 7-2（b）所示。

可是，在地面上的人看來，你這臺鐘已經和原來不一樣了，為什麼呢？很簡單，對地面觀察者來說，他會看到光子走的是一條折線，光子在鏡面間走的距離增長了！如圖 7-2（c）所示。因為光速不變，所以他測量到你的光子鐘時間變慢了！滴—答—滴—答—滴—答—，比地面走得慢。

注意，火車上的你看到的光子軌跡是直上直下的，所以你不會感受到時間的變慢，你對時間的感覺和上車前是一樣的。

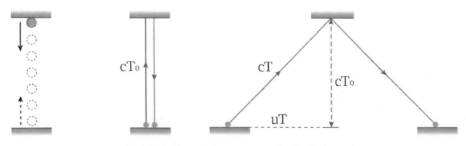

(a) 光子鐘原理圖　　(b) 火車上看到的光子鐘　　(c) 在地面觀察火車上的光子鐘

圖 7-2 光子鐘原理圖以及不同觀察者看到的光子路徑

透過簡單的計算就能得知火車上的時間變慢多少。如圖 7-2 所示，對於這臺光子鐘，在火車上觀察，把光子從下鏡面反彈到上鏡面的時間間隔記為 T_0，則兩鏡面間的垂直距離是 cT_0。在地面觀察，把光子從下鏡面反彈到上鏡面的時間間隔記為 T，則光子在這段時間內走過的距離是 cT，設火車相對於地面的速度是 v，則火車在這段時間內走過的距離是 vT。根據圖 7-2 (c) 的直角三角形，由畢氏定理可知

$$c^2 T^2 = c^2 T_0^2 + v^2 T^2 \qquad (7\text{-}1)$$

化簡，得到 T 與 T_0 之間的關係：

$$T = \frac{T_0}{\sqrt{1 - v^2/c^2}} \qquad (7\text{-}2)$$

式中，T_0 為火車上測量的時間間隔，T 為地面上測量的時間間隔。由上式可見，$T > T_0$，即在地面觀測者看來火車上的時間流逝速度變慢了，火車行駛速度 v 越大，時間就流逝得越慢。

有人可能會提出這樣的疑問：光子鐘雖然變慢了，但普通手錶會變慢嗎？我們可以把這個問題換一個方式來問。如果有人問你幾點了，你是否會問他：你是要看電子錶，還是石英錶，還是原子鐘，還是擺鐘的時間？是不是顯得很滑稽？我們都知道，在同一個慣性系裡物理量的定義是一致的，時間怎能隨意變化？

時間延緩效應是可以透過勞倫茲變換嚴格推導出來的，是時間流逝速度本身在變慢，並非光子鐘的特例。在一艘高速太空船上，那裡的所有現象 —— 太空人的心跳，他的思維過程，他喝一口水的時間，他成長和衰老的進程 —— 所有這些事情都會以同樣的比例慢下來。假如太空船以速度 $0.9998c$ 飛行，太空人揮了揮手，他自己感覺只花了 2 秒，而從地球上

看來，他卻花了 100 秒才完成這個簡單的動作，簡直比蝸牛還慢（當然，是地球上的蝸牛）！

但是對太空人自己來說，他不會感覺到任何變化，他覺得自己的心跳、思維過程、喝一口水的時間、成長和衰老的進程與地球上沒什麼兩樣。事實上，式（7-2）中的 T_0 是一個固有時間，不論物體怎麼運動，它自己感覺到的固有時間是不會變的，只不過在別人看來它的時間會變化。

7.3　時間延緩的實驗驗證

時間延緩效應徹底顛覆了人們的時間觀，如果沒有實驗證據，是很難讓人接受的。但是透過對宇宙射線中渺子（muon）衰變壽命的測量，以及對大型加速器內的 $\pi^\pm$ 介子、渺子等高能粒子衰變壽命的測量，發現這些高速粒子的壽命明顯延長，且與相對論的預言完全一致，因此人們不得不承認時間延緩效應的正確性。

驗證時間延緩最典型的實驗是對渺子衰變壽命的測量。渺子是一個很有趣的粒子，可以說它就是一個胖電子，它的質量是電子的 207 倍，其他性質則和電子完全相同。

在穿過地球的宇宙射線中有大量的渺子，它們一般是在約 10 公里高的大氣層中由 π 介子衰變產生的。渺子產生後只能保持很短一段時間，然後會衰變為其他粒子。渺子的壽命就是從它產生到衰變之間的時間間隔，測量表明渺子的平均壽命約為 2.2 微秒。宇宙射線中的渺子速度接近光速，如果按牛頓力學計算，即使渺子以光速 c 飛行，它能走過的距離也只有 660 公尺。但是渺子卻能夠在地面高度被發現，這就是說，它實際走過了約 10 公里的距離。

當渺子靜止時，用靜止的鐘（比如實驗室內的鐘）測量它們的平均壽

命為 2.2 微秒，這是一個固有的時間間隔 T_0。當渺子以速度 v 相對於實驗室運動時，還用實驗室內的鐘測量，其壽命變為 T，可稱之為運動壽命。根據式（7-2），雖然渺子自己感覺它只生存了 2.2 微秒，但實驗室測量它的生存時間卻達到幾十微秒，因而能穿過 10 公里的距離到達地面。

對粒子加速器內飛行的渺子衰變壽命的測量也是如此。1968 年，歐洲核子研究中心測出的實驗值如下：渺子的速度為 $0.996c$，平均運動壽命為 26.15 微秒，而狹義相對論的預言值為 26.72 微秒，誤差在 2% 以內。

如果你還有疑慮，那就直接測量時間的延緩好了。1971 年，科學家們進行了這一實驗。他們把 4 臺原子鐘放在飛機上，飛機在赤道平面上空高速向東飛行，繞地球飛行一圈以後回到地面，與留在地面上的原子鐘進行比較，結果發現 4 臺原子鐘的讀數都比地面原子鐘慢了，平均慢了 5.9×10^{-8} 秒。去掉地球重力場所產生的影響（飛機上時鐘走得比地面快，這部分效應要用廣義相對論計算）以後，實驗結果與狹義相對論的理論預言誤差在 10% 以內。

幾年以後，馬里蘭大學的物理學家們做了一個類似的實驗，他們使一臺原子鐘在天上飛了一圈又一圈，延續了 15 小時，落地後成功地檢驗了時間延緩效應，誤差小於 1%。

事實證明，相對論效應是經得起實際考驗的，我們腦中的傳統時間圖像必須要改一改了。

7.4　雙胞胎悖論解析

由於相對論時空觀超出了人們的認知能力，所以人們在思考相對論效應的過程中產生了很多似是而非的悖論，其中最為典型、最為著名的就是雙胞胎悖論（Twin paradox）。

有一對雙胞胎兄弟，哥哥一直生活在地球，弟弟當了太空人，乘太空船到太空去旅行，哥哥發現弟弟的時間變慢了，於是判斷弟弟回來時會比他年輕。但是有人又說了，運動是相對的，如果從弟弟的角度來看，他自己沒有動，是地球出去飛了一圈又回來，那不是哥哥應該更年輕嗎？那麼問題就來了，當弟弟回來時，到底是誰更年輕呢？這就是所謂的雙胞胎悖論。

這個悖論曾引發全世界的大討論，最終的結論是：不管從誰的角度分析，兩人會面時都是太空人弟弟更年輕。

弄清這個問題的關鍵在於到底是誰經歷了真正的高速飛行過程。雖說表面上看來速度是相對的，加速度也是相對的，但是親歷者自身感受到的加速度（稱為固有加速度或四維加速度）是絕對的。

太空人弟弟在太空旅行中，他的太空船要先加速，然後等速飛行，到達目的地時要先減速，然後再掉頭返回地球，再次加速，接近地球後減速，最後降落，與留在地球上的同胞哥哥相會。太空人在太空船加速過程中，他的身體緊緊地壓到座椅的後背上，他會感受到有很大的力在推動他前進，這種巨大的推動力使他的速度越來越快。由於太空人弟弟能感受到慣性力的作用，所以他是真加速，經歷的是真正的高速飛行過程。

而從太空人的角度看到的地球人的加速則是假加速，因為地球人絕沒有任何力在推動他的感覺，留在地球上的哥哥根本沒有感受到慣性力，他一直保持在一個單一慣性系中，固有加速度為零，因此他並沒有經歷真正的高速飛行。所以結論是肯定的：太空人弟弟更年輕！（關於雙胞胎悖論的更詳細解析，可參見 8.10 節。）

其實，這個結論已經由上一節中的幾個實驗證實了，飛到天上的原子鐘比地面上的原子鐘變慢了，就是雙胞胎悖論中弟弟比哥哥更年輕的實驗證明。這麼看來，《西遊記》裡說的「天上一日，地上一年」還真有點道理。

7.5　運動雙方都認為對方鐘慢了嗎？

弄清了雙胞胎悖論，另一個容易引起人困惑的問題自然也就解決了。這個問題是：既然運動是相對的，那麼運動雙方都會認為對方的時間會變慢，到底誰的時間變慢了呢？這不是自相矛盾嗎？

其實，這並不矛盾。相對運動雙方的確都會認為對方的時間變慢了！但是，這是以兩人相互作等速直線運動為前提的，在這個前提下，兩人即使在某一時刻把表對好了，但當他們相互離開後，他們永遠也不會再次相遇，所以他們都認為對方的表慢了。如果他們想再對對表，看看到底是誰的表慢了，那就必須要有一個人透過減速、反向、再加速的過程回來，那他的等速直線運動狀態就被破壞了，這樣這個問題的核心就變了，就變成雙胞胎悖論了。

有人說，兩人誰也不用返回來，打個電話互相報一下時間不就知道誰快誰慢了嗎？這個方案看似不錯，但實際上也行不通。不管是打電話還是發 LINE 還是用別的連繫方式，任何訊息傳遞速度都不是瞬時的，都不會超過光速，這樣兩人對於他們的電話信號在路上走了多長時間的判斷是不一致的，最終結果還是兩人會各自得出結論：對方的鐘變慢了。

還有人說，用糾纏態傳遞信號行不行？也不行。糾纏態粒子雖然可以瞬時改變狀態，但並不能傳遞有效資訊。我們雖然能透過測量讓糾纏態粒子從疊加態變成確定態，但卻無法控制它們變成哪一種確定態，這種測量結果是隨機的，因此並不能傳遞有效資訊 [05]，只有配合經典訊息通道才能傳遞有效資訊，這樣一來，訊息傳遞速度還是不能超過光速。

[05]　比如兩個處於糾纏態的電子，在進行測量之前，它們的自旋都處於「上」和「下」的疊加態，一旦對電子 1 進行測量，發現它的自旋向上，電子 2 就會瞬間變為自旋向下。但是電子 1 的自旋狀態變成「上」還是「下」是隨機的，測量者只能觀察結果是「上」還是「下」，而沒法控制它變成「上」或者「下」，而要傳遞訊息的話必須控制它按設定的規律變化，這是辦不到的。

7.6　長度收縮及其視覺圖像

一旦時間的概念變得可疑,那麼長度的概念也必須重新研究了。一把尺放在地上,我們如何測量它的長度呢?很簡單,我們可以測量尺前後兩個端點的座標,取兩個座標之差。如果尺相對於座標系靜止,這個測量自然與時間無關;但是如果尺相對於座標系是運動的,那麼要使這個測量有意義,測量就必須同時進行。

遺憾的是,同時性是相對的,在隨尺運動的座標系中的「同時」和地面座標系中的「同時」並不一致。那麼,在不同慣性系中的觀測者測得的長度不同,也就不奇怪了。

透過勞倫茲變換可以推導出這樣的結論:當物體運動時,其沿運動方向的長度會收縮,這就是「長度收縮」效應。具體變換關係如下:

$$L = L_0 \sqrt{1 - v^2/c^2} \qquad\qquad (7\text{-}3)$$

式中,L_0 為物體在任一慣性系中的靜止長度,v 為它的運動速度,L 為它的運動長度。

靜止長度 L_0 是物體自身的固有長度,無論物體怎麼運動,它自己感覺到的固有長度是不會變的。比如,一列火車停在地面上,我們測得它的長度是 L_0,如果讓火車以速度 v 相對地面行駛,則地上的人測得的火車的長度就變成了 L,但火車上的人測量火車長度還是 L_0。顯然,火車行駛速度越大,地面測量出來的長度就越短。

長度收縮是一個很容易引起誤解的相對論效應,對其需要注意以下幾點。

※ 長度收縮只發生在運動方向上,垂直於運動方向的長度不變。

※ 長度收縮只是一種測量效應,它是由於兩種慣性系裡的觀察者對同時性的判斷不一致而導致的測量區別,並不是物體本身的收縮,也並非

物體發生了形變或者發生了結構性質的變化（這一點在 3.4 節已有證明）。在運動物體自身看來，它沒有任何變化，它的長度和靜止時是一樣的。

※ **要注意「測量」與「觀看」的區別。很長一段時間內，人們認為長度收縮就是高速物體在運動方向上看起來被壓扁了，包括愛因斯坦都是這樣認為的。直到愛因斯坦去世 4 年後的 1959 年，才由美國物理學家特雷爾（Terrell）撰文指出：長度收縮是看不到的，用攝影機也是拍不到的，我們只會看到運動物體旋轉了一個角度，而不會看到它縮短！**

為什麼「測量」與「觀看」圖像不同呢？原因是這樣的：長度收縮是指同一時刻對運動物體進行的測量，而「觀看」則是物體各部位發出的光線在同一時刻到達我們的瞳孔時所成的視像（照相機、攝影機拍攝原理也一樣），這些光線並不是物體各部位在同一時刻發出來的，所以看到的圖像與測量圖像不同。計算顯示，物體看起來長度並沒有縮短，只是轉過了一個角度，這個轉角與物體的運動速度以及它的前進方向相對於觀察者的角度有關。圖 7-3 給出了一把以 $0.6c$ 的速度水平飛過的尺的視覺圖像變化。

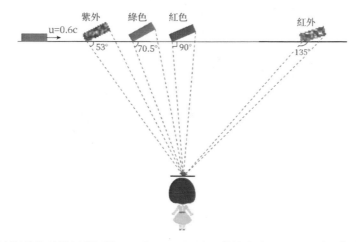

圖 7-3 高速運動物體的視覺圖像。一把尺子以 $0.6c$ 的速度水平飛過，地面觀察者在不同角度下看到尺的旋轉角度不同

高速物體的視覺形像是一個非常複雜的課題，除了旋轉外，還有顏色和亮度變化。在圖 7-3 中，如果這把尺靜止時是綠色的，那麼當它從極遠處飛來時，觀察者在不同角度看到的顏色將如圖中所示。

當然，理論上的視覺圖像是一回事，肉眼能不能捕捉到又是另一回事。對於我們人類來說，圖 7-3 中以 0.6c 速度運動的尺轉瞬即逝，靠肉眼是根本來不及看到的。好在現在有一種超高速壓縮攝影系統，該系統對圖像的捕捉速度可達到 1,000 億幀 / 秒，如果真有一把尺飛過的話，你拿這種攝影系統應該就能捕捉到圖中這些畫面了。

現在，隨著電腦技術的發展，電腦模擬成為研究高速物體視覺形象的有力工具，讓我們有機會一睹奇觀。這一工作始於 1980 年代末期，現在國際上已有多個小組進行研究。圖 7-4 給出了德國圖賓根大學的物理學家克勞斯（Kraus）用電腦模擬的一排骰子以 0.9c 的速度前進時人們看到的視覺圖像，以及當一個人以 0.95c 的速度穿過圖賓根市的一條街道時所看到的景象。

(a)　　　　　　　　　　　(b)

圖 7-4 高速運動物體的電腦模擬視覺圖像。圖（a）是一排骰子從左至右以 0.9c 的速度飛過時人們看到的圖像，下方是固定的骰子，以便於對比，注意骰子旋轉導致所看到的點數變化；圖（b）是一個人以 0.95c 的速度穿過街道時看到的發生了扭曲的街景，兩側的房子看起來都向內彎曲了

7.7 運動雙方都認為對方尺縮了嗎？

因為運動是相對的，有人就說了，既然我們觀測到運動的火車上尺會收縮，那麼在火車上的人看來，我們才是運動的，那他會看到我們的尺收縮，到底誰的尺收縮了呢？這不是自相矛盾嗎？

其實，這並不矛盾。相對運動雙方都認為對方的尺縮短了，誰對呢？都對！這是因為雙方都依據自己所在慣性系的「同時」去量對方尺的兩端。而地面系中的「同時」不是火車系中的「同時」；反過來，火車系中的「同時」也不是地面系中的「同時」。

當地面系中的觀測者「同時」去量火車系中的尺兩端時，火車系中的觀測者用自己的鐘判斷，認為地面系中的觀測者並未「同時」去量自己尺的兩端，而是先量了尺的一端，然後才量另一端；反過來也一樣，所以他們都認為對方的尺縮短了。這種看似矛盾的結果其原因就在於尺收縮只是一種測量效應，而並非尺本身的物理收縮。

這個測量效應似乎難以理解，是因為它超出了我們的實際體驗，如果舉一個生活中的例子類比一下你就不會困惑了。比如說，如果有兩個身高一樣的人分別站在一個兩面凹陷的凹透鏡兩邊，那麼他們都會看到對方比自己矮。但是，如果說他們每一個人真的都比另一個人矮了，那就大錯特錯了。

7.8 空間收縮與時間旅行

仔細研究宇宙射線中渺子衰變實驗，就會發現一個有趣的現象：渺子眼裡的空間距離比我們看到的要短。

從渺子所在的慣性系來觀察，渺子是靜止的，而地球在以近光速朝

向渺子運動。在渺子自己看來，它的壽命只有 2.2 微秒，因而在這段時間裡，它測得地球與自己靠近了約 660 公尺。但是在地面觀察，發現渺子壽命大大延長，實際走過了約 10 公里的距離。渺子與地球間距離靠近是一個客觀事實，在渺子眼裡，這段距離只有 660 公尺，但在我們眼裡，這段距離有 10 公里，這說明渺子看到的空間收縮了。

　　空間收縮其實還是由光速不變原理導致的。由光子鐘的計時原理可知，太空人對於「秒」的測量與他在地面時並無差異，根據「公尺」的定義（公尺是光在真空中 1/299,792,458s 的時間間隔內的行程長度），那麼他對「公尺」的測量也應該和他在地面時一致，否則他就會發現光速變了！所以，太空人從地球到達等速飛行的太空船上，他並不會感到「秒」和「公尺」有任何變化。但是從地球看來，太空人的「秒」已經變化了，所以他的「公尺」也變化了。舉例來說，假如有一艘以 0.866c 的速度相對於地球飛行的太空船，用式（7-2）一計算，發現太空人眼裡的 1 秒在地球看來過了 2 秒，那麼太空人眼裡的 1 公尺在地球看來就是 2 公尺，所以從地球角度來看，會發現太空人不但時間延緩了，而且空間收縮了。

　　假如地球與某一外星球距離 86.6 光年，如果在地球上觀察，發現速度為 0.866c 的太空船要用 100 年才能到達（忽略加速、減速過程），但我們能算出來太空人的固有時間只過了 50 年。換一個角度，在太空人看來，他在等速行駛的太空船上認為自己靜止，而外星球以 0.866c 的速度朝他飛來，地球以 0.866c 的速度離他遠去，50 年後，他發現外星球到了他面前，而地球離他 43.3 光年遠，所以他認為地球與外星球的距離是 43.3 光年。也就是說，在太空人看來，他只用了 50 年，飛過 43.3 光年就到了。

　　這樣一來，如果太空船的速度能接近光速的話，太空旅行就變成了可能。原來在我們眼中遙不可及的距離，只要速度足夠快，就不再是問

題。比如銀河系中心距離我們約有 25,000 光年，假如一艘太空船能以 0.999999999c 的速度飛行，那麼太空人會發現自己用一年時間就能到達，在他看來，這段空間已經收縮為短短 1 光年。當然，在地球人看來，太空人飛了約 25,000 年才到了那裡。

另一個有趣的現象來了，太空人如果返回地球，不考慮加速、減速過程的話，他會發現自己只老了 2 歲，但地球上已經過了 50,000 年，他進行了一次人類夢寐以求的時間旅行！也就是說，只要你的運動速度夠快，你就可以進行時間旅行，但遺憾的是，你只能向未來旅行，卻無法回到過去！

在某種意義上，時間膨脹和空間收縮是相互補償的，或者說，空間與時間進行了交換。時間、空間與運動不再是分離的和毫不相干的，而是表現出顯著的依賴關係。第 8 章我們就會看到，實際上時空是一體的！只有將時空看成一個整體，才能真正理解相對論效應的本質。

8　四維時空奇景

第 7 章我們看到，時間和空間都是相對的，但如果你直接說時空是相對的，那就有問題了。實際上，在狹義相對論範疇內，時空作為一個整體是絕對的！愛因斯坦提出相對論三年後，他當年的數學老師閔考斯基用敏銳的數學眼光發現，如果把時間和空間交織在一起變成四維時空，那麼不同慣性系的觀測者對於時間和空間的測量，其實只是「轉個角度看世界」。

要想理解四維時空，就得先了解一點幾何學。我們在國、高中所學的平面幾何和立體幾何都屬於歐幾里得幾何學，閔考斯基所創立的四維時空幾何與歐氏幾何類似，但有一點點不同，所以被稱為偽歐幾何。本章出現了少量的數學推導，不要害怕，這些推導都是初等數學的內容，只要耐心地看下去，你會發現你對相對論時空的認知會有一個巨大的前進。下面，就讓我們先從歐氏幾何說起吧。

8.1　歐氏幾何簡史

西元前 4 世紀，與希臘毗鄰的馬其頓王國征服了希臘，隨後，在亞歷山大大帝的率領下，先後征服了埃及、巴比倫、波斯，兵鋒直至印度，征服領土約 500 萬平方公里，建立了馬其頓帝國。這個龐大的帝國提倡科學，網羅人才，大量興建圖書館和科學機構，促進了各大文明古國間的科學與文化交流。

亞歷山大征服埃及後，在尼羅河口建了一座新的城市 —— 亞歷山大城。這座城市興建於西元前 332 年，城內有大街、王宮、園苑、博物館、圖書館等，建築宏偉，規模宏大。這裡的學術文化交流非常活躍，學者雲

集、人才薈萃，很快成為重要的經濟與文化中心。這一時期先後出現的三大數學家——歐幾里得、阿基米德和阿波羅尼奧斯（Apollonius），都與這座城市有密切的關係。歐幾里得在亞歷山大城裡的博物館工作過，阿基米德和阿波羅尼奧斯青少年時期都在這裡接受過教育，三人合稱為亞歷山大前期三大數學家，這也是古希臘數學的全盛時期。

歐幾里得可以說是歷史上最負盛名的古代數學家，他寫的《幾何原本》在歐洲是家喻戶曉的書籍，因此他也被稱為「幾何之父」。然而，關於他本人的幾乎所有其他事情都是個謎，我們僅僅知道：西元前 300 年左右，他在亞歷山大城裡努力鑽研幾何學。至於其生卒時間和出生地點都不得而知。

根據古代著作中的相關記述和後來評註者對《幾何原本》的分析，可以肯定《幾何原本》中的定理或者證明很少是歐幾里得自己發現的，書中絕大部分結果應該都已為同時代的數學家們所熟知。比如《幾何原本》卷 V 和卷 XII 的內容就主要來自小亞細亞（今土耳其一部）的數學家歐多克索斯的工作。可以說《幾何原本》是一本當時人們所累積起來的幾何知識的集大成之作，或者說是一本教科書。儘管如此，《幾何原本》中所述的幾何學一直被稱作歐幾里得幾何學，簡稱歐氏幾何。

在《幾何原本》中，歐幾里得首先給出點、線、面、角等 23 個基本的幾何定義，然後列出了五條原理和五條假設，他斷言這十條規則毫無遺漏地構成了歐氏幾何的基本特徵。在這十條規則中，有九條都是簡潔明了、不言而喻的，唯有第五假設是個例外。與其他原理及假設相比，第五假設的敘述讓人感到出奇的複雜。兩千年間，許多數學家都試圖證明第五假設，從而將其作為一個推論而不是假設給出，但是都失敗了。

到了 19 世紀，俄國數學家羅巴切夫斯基（Nikolai Lobachevsky, 1792-1856）和德國數學家黎曼（1826-1866）改變了思維，他們承認歐幾里得的第五假設代表一種幾何，但是還有別的幾何存在。他們透過對第五假設的修改，創立出了兩種新的幾何學 —— 羅氏幾何和黎氏幾何，統稱為非歐幾何。

其實，這三種幾何的區別很簡單，歐氏幾何的第五假設說：過直線外一點，有且僅有一條直線與已知直線平行；羅氏幾何說：過直線外一點，至少可以作兩條直線與已知直線平行；黎氏幾何說：過直線外一點，不存在與已知直線平行的直線。雖然在這一點上大不相同，但這三種幾何學都是自洽和完備的，自身沒有任何自相矛盾的地方。後來，黎曼引入度規的概念（詳見第 10 章），把這三種幾何統一起來，統稱為黎曼幾何（Riemannian geometry），黎曼幾何在廣義相對論的建立中發揮了重大作用，此處暫且不表。

8.2　四維歐氏空間

歐幾里得在《幾何原本》中建立了處理二維空間的「平面幾何」和三維空間的「立體幾何」，於是人們就把二維或三維空間合稱為歐幾里得空間。

17 世紀，法國數學家笛卡兒在歐幾里得空間中建立了笛卡兒座標系。笛卡兒認為，幾何過於依賴圖形，而代數又過於抽象不直觀，如果把兩者連繫起來，必定大有好處，於是他引入了座標系。透過在幾何空間中建立座標系，就可以將空間中的點用座標標出，從而使幾何圖形表示為座標間的代數關係。比如在二維平面直角座標系中，方程 $x^2 + y^2 = r^2$ 就可以表示圓心為原點、半徑為 r 的圓。顯然，座標係為代數學和幾何學架起了一座橋梁。

那麼，到底什麼是座標呢？可以這麼定義：座標是有序數對的集合。「有

序」這個詞強調這樣的事實：座標（1，2）和（2，1）是不同的。座標系能夠在有序數集和空間點之間建立一種一一對應關係；空間中的每個點都可以用唯一一組座標來確定，而每組座標都能夠確定空間中唯一的一個點。

到了 19 世紀，黎曼對歐幾里得空間進行了推廣，他把二維、三維歐氏空間推廣到四維、五維乃至更高維空間，根據維數稱為 n 維空間。

在對二維空間的研究中，數學家們把一個有序的二元數對 $(x，y)$ 與空間中的每個點相連繫；在三維空間裡，又把有序的三元數對 $(x，y，z)$ 與空間中的每個點相連繫。於是黎曼提出，n 維空間裡的點與有序的 n 元數對 $(x，y，z，\cdots)$ 成一一對應關係。運用這種方法，能夠建立一個有關 n 維空間的笛卡兒座標系，即利用相交於原點的，且兩兩垂直的 n 條直線，使 n 維空間中的點和 n 元數對之間建立一一對應關係。儘管四維乃至更多維空間的圖像想像起來十分困難，但黎曼證明，二維和三維空間的許多性質可以直接轉移到多維空間上。

在四維空間中，除 x、y、z 軸之外，還需引進一條與它們三個全都垂直的座標軸，常用 w 軸來表示。於是，四維空間點的位置可以用座標 $(x，y，z，w)$ 來表示。

可是，w 軸到底指向何方呢？四條互相垂直而又交於一點的座標軸，這個圖像對我們來說實在是太難想像了，我們只能盡量透過一些幾何性質來分析它。

我們知道，二維空間的基本幾何元素是點和直線；三維空間的基本幾何元素是點、直線和平面。由此可以推斷：四維空間的基本幾何元素是點、直線、平面和三維空間。就像在三維空間裡直線和平面有垂直、平行、相交等幾何關係一樣，在四維空間裡的直線、平面和三維空間也有這些幾何關係。

在四維空間中，可以考慮無數個各不相同的三維空間，就像在三維空間中有無數的平面一樣。四維空間中這些為數眾多的三維空間應該也有相交、垂直、平行等情形。借助於對低維空間的類比，我們可以想像四維空間中兩個三維空間相互平行是什麼樣子：如果三維空間 A 和三維空間 B 平行，那麼兩個空間中的人絕對不會相遇，但是如果從第四個維度上觀察，他們也許近在咫尺，可能一邁步就會相遇。

三維空間相互平行還可以想像一下，但垂直或相交就不好想像了，我們只能透過類比得知，2 個三維空間會相交於一個平面，3 個三維空間會相交於一條直線，4 個三維空間會相交於一個點。

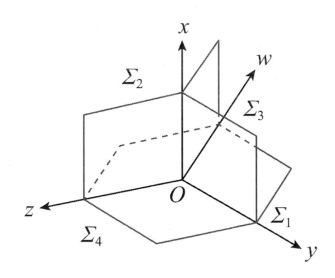

圖 8-1 四維座標系示意圖

有了這些概念，我們可以嘗試著畫出一個四維座標系的示意圖（見圖 8-1），該座標系有如下一些關係：

※ 這 4 條互相垂直的座標軸 x、y、z、w 交於原點 O，規定箭頭所示方向為正向。

※ **這 4 條座標軸兩兩構成 6 個互相垂直的座標平面**：xy 面，xz 面，xw 面，yz 面，yw 面，zw 面。

※ **每 3 條座標軸構成一個三維空間，共形成 4 個互相垂直的三維空間，將其用 Σ 來表示**：Σ_1（y，z，w），Σ_2（x，z，w），Σ_3（x，y，w），Σ_4（x，y，z）。

※ **每條座標軸都垂直於另外 3 條座標軸對應的三維空間**，即 $x \perp \Sigma_1$、$y \perp \Sigma_2$、$z \perp \Sigma_3$、$w \perp \Sigma_4$。

從多維的觀點來看，四維幾何和三維、二維幾何的邏輯結構是相同的，它們有著共同的規律。但是，四維空間的很多性質還是不易想像的，比如上述四條性質從數學角度來看似乎能理解，但要轉換成實際圖像卻是很難的，因為我們很難在腦海中為第四維找到合適的位置。

另外，四維物體的體積（稱為超體積）也是讓我們難以理解的。比如一個邊長為 1 公尺的正方體，其體積為 1 立方公尺，而一個邊長為 1 公尺的四維正方體（也叫超正方體），其超體積為 1 公尺的四次方。公尺的四次方代表什麼呢？生活中沒有實際的例子，這已經超出了人類的認知範圍，所以我們只能透過數學符號表示罷了。

我們知道，正方體由 6 個正方形表面圍成，這些表面展開後如圖 8-2（a）所示。那麼，如果我們把一個超正方體的「表面」展開，會得到什麼圖形呢？研究顯示，超正方體是由 8 個正方體「外表面」圍成的四維正方體，這 8 個「外表面」展開後如圖 8-2（b）所示。要知道，這 8 個正方體不過是「外表面」，裡邊還圍著無數個正方體。實際上，這些所謂的「表面」應該叫「表體」更合適。就像一個正方體可以切出無數個平行的正方形平面一樣，一個超正方體也可以切出無數個平行的正方體。

(a) 正方體表面展開圖

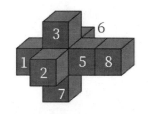
(b) 超正方體「表面」展開圖

圖 8-2 正方體及超正方體「表面」展開圖

8.3　廣義的商高定理

看到這邊，也許你的腦中還是一片茫然：四維空間是什麼樣子，我真的想像不出來！說實話，我跟你一樣，我也想像不出來。不過，我們也不必氣餒，因為這並不妨礙我們研究它的性質。黎曼已經證明，二維和三維空間的許多性質可以直接類推到多維空間上。下面我們就來研究一下四維空間距離的計算。

商高定理大家都知道，勾三股四弦五，$3^2 + 4^2 = 5^2$，表示直角三角形斜邊長度的平方等於兩直角邊長度的平方和。幾千年前人們就發現了商高定理（歐洲人稱之為畢氏定理），而笛卡兒直角座標系中的距離則可用商高定理完美地計算。

在二維直角座標系中，你可以選取任意一點，設其座標為 (x,y)，那麼這個點到原點的距離就可以透過商高定理算出來：$\sqrt{x^2 + y^2}$，如圖 8-3（a）所示。同理，平面上任意兩點 (x_1,y_1) 與 (x_2,y_2) 之間的距離是 $\sqrt{(x_2-x_1)^2 + (y_2-y_1)^2}$，如圖 8-3（b）所示。

在三維直角座標系中，我們也很容易就能算出空間中任意兩點間的距離：(x_1,y_1,z_1) 與 (x_2,y_2,z_2) 之間的距離是 $\sqrt{(x_2-x_1)^2 + (y_2-y_1)^2 + (z_2-z_1)^2}$。

這個距離公式很容易推廣到多維歐氏空間。比如四維空間 x-y-z-w 中的兩個點 $(x_1，y_1，z_1，w_1)$ 與 $(x_2，y_2，z_2，w_2)$ 之間的距離就是

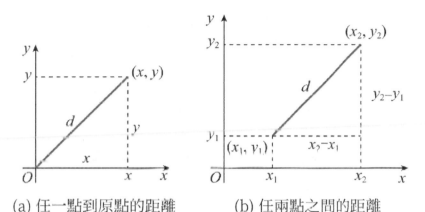

(a) 任一點到原點的距離　　　(b) 任兩點之間的距離

圖 8-3 商高定理適用於笛卡兒座標兩點間距離的計算

$$\Delta s = \sqrt{\Delta x^2 + \Delta y^2 + \Delta z^2 + \Delta w^2} \qquad (8\text{-}1)$$

式中 $\mathrm{D}x^2 = (\mathrm{D}x)^2 = (x_2 - x_1)^2$，其餘類同。

四維空間的距離公式和二維空間或三維空間的思想是一致的。同理，如果是 n 維空間中的兩個點，那麼它們之間的距離就是

$$\Delta s = \sqrt{\Delta x^2 + \Delta y^2 + \Delta z^2 + \Delta w^2 + \cdots} \qquad (8\text{-}2)$$

這個距離公式可稱為廣義的商高定理。黎曼聲稱，不管空間的維數是多少，如果空間中兩點之間的距離可由廣義的商高定理給出，那麼這個空間就是歐幾里得空間。他稱這種空間為平直空間。

8.4　座標系旋轉：以不變應萬變

下面，我們來驗證一下座標軸的旋轉對座標的影響。為簡單起見，先來考慮二維空間。如圖 8-4 所示，取平面座標系 x-y 內任意一點 A，設其座標為 $(x，y)$。現在保持 A 點不動，將座標軸繞原點 O 沿逆時針方向旋轉角度 φ，變成新的座標系 x9-y9，這時，A 點在新座標系內的座標變為 $(x9，y9)$。

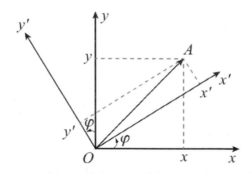

圖 8-4 笛卡兒平面座標系的旋轉

可以看到，在座標軸旋轉過程中，原點 O 到 A 點的距離 OA 是不變的。在原座標系中，$OA = \sqrt{x^2 + y^2}$，在新座標系中，$OA = \sqrt{x'^2 + y'^2}$，於是能得出如下關係式：

$$x^2 + y^2 = x'^2 + y'^2 \qquad (8\text{-}3)$$

這個結論是很容易推廣到更多維空間的。比如在四維空間 x-y-z-w 中，保持空間中的點不動，繞原點 O 旋轉座標軸，變成新座標系 x9-y9-z9-w9，不論如何旋轉，原點 O 到某一點 A 的距離 OA 是不變的，而距離又可以用廣義的商高定理計算，於是我們很容易就能得出如下關係式：

$$x^2 + y^2 + z^2 + w^2 = x'^2 + y'^2 + z'^2 + w'^2 \qquad (8\text{-}4)$$

這是一個重要的結論，接下來，我們就能看到這個結論在狹義相對論中，將產生多麼大的作用。

8.5　時空本性：四維時空

1905 年，愛因斯坦提出了勞倫茲變換（見 5.4 節），該變換反映了兩個作相對運動的慣性系之間的時空座標變換關係。

在勞倫茲變換中我們看到，空間座標的變換式裡包含著時間座標，而時間座標的變換式裡也包含著空間座標。兩個事件在某一個座標系中的空間距離，在另一個座標系中就轉換為時間上的差異；反過來也一樣。空間和時間的這種相互轉化，反映出時間和空間是緊密連繫在一起的。很快，人們就發現勞倫茲變換滿足這樣一個關係式：

$$x^2+y^2+z^2-c^2t^2=x'^2+y'^2+z'^2-c^2t'^2 \qquad （8\text{-}5）$$

這個關係式代表什麼意思呢？愛因斯坦上大學時經常逃數學課，所以他沒看出來，不過，他的數學老師閔考斯基看出來了，這不就是四維空間的一個座標系轉動嗎？

等等！比對式（8-4）和式（8-5），會發現差一個正負號，這怎麼辦呢？

對數學家來說，這太好辦了。在數學裡，可以引入虛數單位 i：$i=\sqrt{-1}$，$i^2=-1$。令 $ict=w$，式（8-5）就能變成式（8-4）了！這樣，在 x-y-z-ict 這個四維空間中，勞倫茲變換就相當於座標系繞原點的一個轉動！如圖 8-5 所示。

圖 8-5 中的座標軸旋轉角度 φ 由圖 5-4 中 S' 系相對於 S 系的運動速度 v 決定，透過勞倫茲變換可計算得出 $\tan\varphi = iv/c$。由於 $\tan\varphi$ 是虛數，所以

我們把 φ 稱為虛轉角。

　　有趣的是，拋開虛數單位 i 不提，你會發現 ct 的單位就是長度單位（m/s×s ＝ m），其實我們早就在宇宙學中使用它了，「光年」就是這樣的單位 [06]。這樣，4 個座標軸都具有長度單位，所以從數學角度來講，這是一個四維空間，當然，從物理角度來講，由於第四維是由時間決定的，所以可稱之為四維時空。

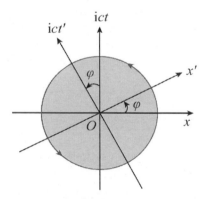

圖 8-5 復閔氏空間的勞倫茲變換（對應於圖 5-4 所示的兩個慣性系在三維空間中的相對運動，變換到四維空間中相當於一個座標系的轉動，由於只有 x 軸和 ict 軸轉動，y 軸和 z 軸不動，所以圖中省略了座標不變的 y 軸和 z 軸）

8.6　尺縮鐘慢與四維時空投影

　　在四維時空中分析同時性的相對性，你就會發現這是一個很簡單的必然結果。如圖 8-6（a）所示，我們將座標不變的 y 軸和 z 軸省略，只剩下 x-ict 座標系，顯然，平行於 x 軸的是同時刻線（t 不變），垂直於 x 軸的是同位置線（x 不變）。設在 x-ict 系中同時刻（$t_A = t_B$）但不同位置發生兩事件 A 與 B，由圖可知，當座標軸轉過一個角度時，對 $x9$-$ict9$ 系來講，此二

[06]　反過來，光年這個距離單位是否可以轉換成時間來理解？比如說，某一星球距地球 10 光年，是否可以說它距地球 10 年？因為你只能看到它 10 年前的樣子。

事件並不同時發生（$t_A9 \neq t_B9$）。

　　「時間延緩」和「長度收縮」這兩種相對論效應在四維時空裡也可以很直觀地推導出來。如圖 8-6（b）所示，在 S9 系（x9-ict9 系）裡，x9 軸上的兩點 A 和 B 之間的距離表示一把長度為 L_0 的尺，雖然尺在空間中靜止，但它隨時間流逝而在時空中「與時俱進」，所以這把尺在 S9 系裡表現為與 x9 軸垂直的兩條直線。而在 S 系（x-ict 系）裡同時測量這兩條直線之間的距離，就應該是它們在 x 軸上的截距 L，其關係為

$$L = L_0/\cos\varphi = L_0\sqrt{1-v^2/c^2} \qquad (8\text{-}6)$$

　　這就是 S 系中測得的這把尺的長度。上式中使用的三角函數 $\cos\varphi = 1/\sqrt{1-v^2/c^2}$，可根據 $\tan\varphi = iv/c$ 推導得出。

　　類似地，如圖 8-6（c）所示，在 S9 系中同一地點先後發生的兩事件 A、B 的時間差為 T_0，相應於線段 icT_0，這段線段在 S 系中時間軸上的投影是 icT，則 T 就是在 S 系中 A、B 兩事件的時間差，其關係為

$$T = T_0\cos\varphi = \frac{T_0}{\sqrt{1-v^2/c^2}} \qquad (8\text{-}7)$$

(a) 同時的相對性

圖 8-6 四維時空旋轉導致的相對論效應

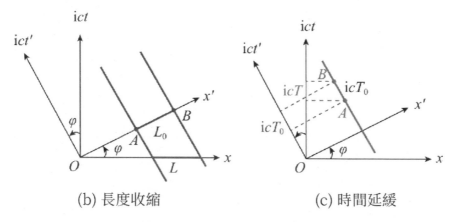

(b) 長度收縮　　　　　　　(c) 時間延緩

圖 8-6 四維時空旋轉導致的相對論效應

　　由此可見，從 S 系看來，S9 系尺縮鐘慢。同理，將 S 系的長度變換到 S9 系也要縮短，將 S 系的時間間隔變換到 S9 系也要延緩，讀者不妨自行驗證。注意，由於時間軸是虛數，所以從復平面圖上看到長的線段實際長度小，短的線段實際長度大，和我們平時熟悉的實數平面圖剛好相反。

　　可以看到，尺縮鐘慢效應類似於一種投影效果。比如你觀察一支筆在桌面上的影子，當你轉動筆的時候，它的影子長度就會改變，三維空間中筆的本身長度並沒有改變，但它的二維投影長度在變化。我們就是用這種方式來觀察四維時空的，我們把四維時空結構投影到三維空間來測量空間長度，同時把它投影到一維時間來測量時間長度。對於兩個作相對運動的觀察者來說，因為他們觀察的投影角度不同，所以測出來的投影長度不同。

8.7　四維時空的絕對性

　　對於四維空間 x-y-z-w，其兩點間的距離可用式（8-1）計算，只要將式中的 Δw 換成 icΔt，就能算出四維時空 x-y-z-ict 裡兩個時空點之間的「距離」。由於這個概念容易與三維空間距離混淆，所以我們把四維時空中兩

點間的距離稱為「時空間隔」。四維時空間隔 Δs 一般採用 Δs^2 來定義：

$$\Delta s^2 = \Delta x^2 + \Delta y^2 + \Delta z^2 - c^2 \Delta t^2 \qquad (8\text{-}8)$$

因為 $i^2 c^2 \Delta t^2 = -c^2 \Delta t^2$，所以上式中出現一個減號（這也是這種幾何稱為偽歐幾何的原因），這樣一來，時空間隔的平方 Δs^2 既可以是正數和零，也可以是負數，於是時空間隔 Δs 既可以是實數也可以是虛數。

從數學角度來看，在四維空間中，不論座標軸如何轉動，兩個空間點之間的距離是不變的。同理，四維時空 x-y-z-ict 裡兩個時空點之間的時空間隔也是恆定的。在圖 5-4 所示的兩個慣性系的相對運動中，Δy 和 Δz 都等於 0，所以式 (8-8) 可簡寫為 $\Delta s^2 = \Delta x^2 - c^2 \Delta t^2$。兩個作相對運動的慣性系之間滿足 $\Delta s^2 = \Delta s'^2$，即 $\Delta x^2 - c^2 \Delta t^2 = \Delta x'^2 - c^2 \Delta t'^2$。

我們還以 7.8 節所舉的例子來分析：假如地球與某一外星球距離 86.6 光年，如果在地球上觀察，發現速度為 $0.866c$ 的太空船要飛 100 年才能到達，但在太空人看來，他只靜靜地待了 50 年，外星球就飛過 43.3 光年到了他面前。

在這個例子中，地球人和太空人觀測的時間間隔和空間距離都不相同，但是，如果他們計算「太空船從地球出發」這一事件和「太空船在外星球降落」這一事件之間的時空間隔，則二者的結果是相同的。

對於太空人來說，自己靜止不動地待了 50 年，那麼 $\Delta x'^2 = 0$，$c^2 \Delta t'^2$ ＝（50 光年）^{2}；對於地球人來說，太空船飛行的距離是 86.6 光年，所以 $\Delta x^2 = $（86.6 光年）^{2}，太空船飛了 100 年，所以 $c^2 \Delta t^2 = $（100 光年）^{2}。簡單一算可知：$\Delta x^2 - c^2 \Delta t^2 = \Delta x'^2 - c^2 \Delta t'^2$。

所以說，在狹義相對論中，兩個事件的時間間隔和空間距離在不同參照系裡的測量結果可能是不一樣的，但這兩個事件的「時空間隔」在不同

參照系裡的測量結果卻完全相同！相對論中的時間膨脹和空間收縮效應，不過是因為不同觀測者所處的四維時空座標系存在一個轉角而造成的測量區別。簡單來說，就是「轉個角度看世界」。

現在再來體會愛因斯坦這句話：「狹義相對論的四維空間像牛頓的空間一樣剛硬和絕對。」你是不是感到豁然開朗了呢？

8.8　閔考斯基時空

四維時空真正清楚地揭示了相對論所包含的普遍物理意義。閔考斯基於 1908 年在一次題為〈空間與時間〉的著名演講中講道：

「我想向你們提出的時空觀源自實驗物理的土壤，它的優勢也正在於此。這些觀點是根本性的，空間本身和時間本身，今後都注定要漸漸消失得無影無蹤，只有它們二者的某種結合才將維持一個獨立的實體。」

可以看到，在四維時空 x-y-z-ict 中，空間的數量關係是實數關係，時間的數量關係是虛數關係，顯然，時間和空間是有本質區別的，人們可以在空間裡來回移動，卻不能在時間裡隨心所欲，其原因可能就在於時間的虛數性質。

但由於虛數時間的物理意義不是很明瞭，所以閔考斯基將第四維 ict 改為 ct。當時，閔考斯基把由 x-y-z-ct 構成的四維空間稱為「四維世界」，後來，人們習慣稱之為閔氏空間或閔氏時空。

將 ict 改為 ct，看上去好理解了，但實際上座標變換的關係卻變複雜了。在一個虛座標系中，勞倫茲變換是一個轉動，而變成實座標系後，它代表的是把某一恆定雙曲線的一對共軛直徑變換成另一對共軛直徑。簡單來說，在實座標系的轉動中，時間軸和空間軸朝相反的方向旋轉，有時也稱作「雙曲旋轉」，如圖 8-7 所示。

從簡潔直觀角度來看，還是復閔氏空間所代表的座標系變換更為簡單。霍金在他的《時間簡史》（*A Brief History of Time*）中指出：「也許所謂的虛時間是真正的時間，而我們叫做實時間的東西，恰恰是子虛烏有的空想產物。」

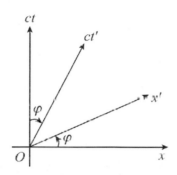

圖 8-7 實閔氏空間的勞倫茲變換（兩座標軸朝相反方向旋轉）

在閔考斯基引入四維閔氏空間後，愛因斯坦剛開始並不讚賞，他甚至半開玩笑地感嘆：「閔考斯基把我的相對論弄得連我自己都看不懂了！」不過隨著四維時空在討論問題時，幾何直觀性的顯現，愛因斯坦很快就改變了看法，他意識到運用幾何方法是進一步發展相對論的重要方向，他的廣義相對論就採用了幾何學方法，其研究基礎正是閔氏時空。

閔考斯基（1864-1909），俄裔德國數學家。他在蘇黎世聯邦理工學院任教期間，愛因斯坦曾聽過他的《分析力學應用》數學課。雖然他對經常蹺課的愛因斯坦印象並不好，但是愛因斯坦的相對論卻使他大吃一驚，由此改變了對愛因斯坦的看法。他於 1908 年發表著名演講〈空間與時間〉，引入了相對論的幾何解釋。不幸的是，1909 年 1 月，閔考斯基突患急性闌尾炎，經搶救無效去世，年僅 45 歲。馬克斯·玻恩（Max Born）曾評價道，閔考斯基的數學工作找到了「相對論的整個彈藥庫」。

8.9 時空圖與世界線

四維時空的幾何圖像大大簡化了相對論的數學表述，使之變得十分簡潔和對稱，使人們加深了對問題的理解，深刻地影響了相對論的發展。

像圖 8-7 這種用橫座標代表空間（由於三維空間的 x、y、z 軸沒法在橫座標中都畫出來，所以通常只畫出一維或兩維），用縱座標 ct 代表時間的座標圖叫做時空圖，它是四維時空的一種簡單圖示。任意一個事件（某一時刻、某一地點發生的某件事情或存在的某個物體）都能在時空圖上找到一個對應的時空點，這個點的座標 $(x，y，z，ct)$ 代表了事件發生的時間和地點，通常稱之為世界點。由於時間總在不停地流逝，任何物體都必須「與時俱進」，所以每個物體的世界點在時空圖中一定會畫出一條連續的軌跡，叫做世界線。簡言之，世界線就是物體在四維時空中的運動軌跡。

下面我們來看看世界線的畫法。如圖 8-8 所示，為簡單起見，空間座標只用一維 x 來表示。在地球慣性系中，你站在地上不動，那麼你在三維空間中的座標不變，但由於時間在不停流逝，所以你會在時空圖中畫出一條與時間軸平行的直線（線 I）。如果你等速跑步，假設速度是 u，由於位置隨時間變化，你在空間軸中以 ut 等速前進，在時間軸中仍然以 ct 等速前進，所以你將畫出一條傾斜的直線（線 II），它與時間軸的夾角 θ 滿足 $\tan\theta = ut/ct = u/c$。如果你作變速運動，那麼將畫出一條曲線（線 III）。

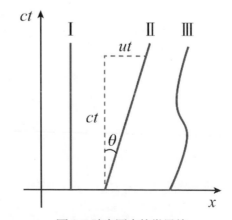

圖 8-8 時空圖中的世界線

接下來，我們來分析一個稍微複雜一點的問題：地球繞著太陽公轉的世界線怎麼畫？

我們最熟悉的是如圖 8-9（a）所示的空間平面圖，地球繞太陽旋轉的軌道可近似看成圓形（實際為橢圓，但離心率很小）。但是，這個圖沒有表示出空間運動和時間過程之間的連繫。我們需要把時間軸加上，在時空圖中來觀察地球的軌跡。在太陽慣性系中，把空間座標用二維 xy 平面來表示，如圖 8-9（b）所示，太陽的世界線是一條上升的直線，地球的世界線則是一條圍繞太陽世界線上升的螺旋線。這條螺旋線在 xy 平面內的投影就是圖 8-9（a）。有時候，為了分析問題簡單起見，也可以用一維空間時空圖來反映地球和太陽的關係。因為地球與太陽的距離是固定不變的，所以可用圖 8-9（c）來表示二者的世界線。

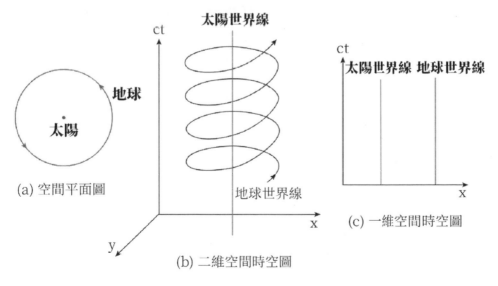

圖 8-9 地球繞太陽旋轉的時空圖

你可能會追問：四維時空中的地球和太陽的真正的世界線是什麼樣的呢？這可就難辦了，四維時空中的世界線實在是沒法畫，你只能把圖 8-9

(b) 中與 xy 平面平行的每一個二維平面想像成一個三維空間，然後在腦海中想像它們在時空中的軌跡吧。

8.10 時空圖解析雙胞胎悖論

假如一個質點在運動，那麼對於它描出的世界線上某兩點間的時間間隔，在各個慣性系測得的數值都不一樣。可以證明，只有固定於質點的參考系的鐘（即跟質點相對靜止的參考系中的鐘）測得的時間間隔最短，在這一參考系中，質點沒有運動，我們把這一參考系中的時間稱為固有時，或稱原時。在閔氏時空裡，一個質點描出的世界線的長度，與它的固有時成正比（世界線的長度＝固有時 × 光速）。

對於一個人來說，固有時就是他自己感受到的時間。他處於各種運動狀態時，他的固有時便會隨之變化，他的手錶、他身體的新陳代謝速度，都會隨著固有時變化，當然，他自己感覺不到這種變化。固有時就是每個人「自己帶著的時鐘」。

透過固有時可以很方便地分析相對論的時空效應，比如雙胞胎悖論，我們並不需要詳細地分析旅行過程哪一段是等速、哪一段是加速或減速等繁瑣的細節，只要對比兩個人世界線的長度就可以了。

假設有雙胞胎兄弟 A 與 B，A 一直生活在地球，B 乘高速太空船到外星球去旅行，那麼 B 回來時會比 A 年輕嗎？

圖 8-10 中直線 a，就是留在地球上的 A 畫出的世界線，因為 A 的空間位置不變。曲線 b 是太空旅行者 B 畫出的世界線。他的太空船先加速，接近外星球時減速，然後再掉頭返回地球，先加速，接近地球後減速，最後降落，與留在地球上的同胞兄弟相會。

世界線 a 的長度就是留在地球上的 A 經歷的時間，世界線 b 的長度就

是做太空旅行的 B 經歷的時間，從圖中來看，b 線比 a 線長，那麼是 B 會比 A 更老嗎？錯！答案是：B 會比 A 更年輕。之所以看上去 b 線比 a 線長，是上了閔氏幾何的當。在歐氏幾何中，斜邊的平方等於兩條直角邊的平方和，所以兩點間直線距離最短。但在閔氏幾何時空圖中，斜邊的平方等於兩條直角邊的平方差，所以兩點之間以直線距離為最長。因此，曲線 b 看上去比直線 a 長，但其長度卻比直線 a 短，B 經歷的時間也就比 A 短。因此，返航會面時，B 將比 A 年輕。

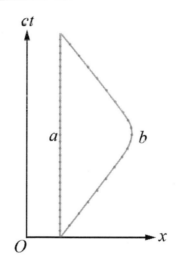

圖 8-10 雙胞胎的世界線

（圖中的點表示各自固有時鐘的滴答聲，每個間隔代表「一秒」。可見 B 的每一秒鐘相對於 A 滴答得更為緩慢）

8.11　光錐：光錐之內即命運

如果你仔細分析圖 8-8 中的線 II，你就會發現這條線最大的傾斜角只能達到 45°，也就是說，即使速度 u 達到速度的極限 —— 光速，世界線和時間軸的夾角也只有 45°，小於光速的世界線都在 45° 之內。

在三維時空圖中，從某一個世界點 O 出發，考慮各個方向所有光子的世界線（45°線）的集合，可以形成一個二維錐面，我們把這個錐面稱為光錐（見圖 8-11）。同理，對於四維時空，從這個世界點 O 出發，各個方向的所有光子的世界線的集合就是光錐，它是一個三維超錐面。我們可以根據光錐的定義想像一下這個三維超錐面，它應該是由一層一層的球面（像洋蔥一樣）組成的兩個重疊在一起的大光球，過去光球匯聚於 O 點，未來光球從 O 點發散出去。

需要注意的是，光錐是某一時空點的光錐，而不是某一地點的光錐。比如，你可以說這是「9 點鐘地球」的光錐，而不能說這是地球的光錐。

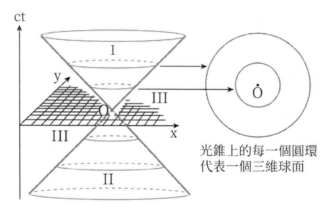

圖 8-11 三維時空圖中的光錐，對應到四維時空中，與 xy 平面平行的每一個切片切出的圓環都是一個光球表面

1. 光錐的特點

根據時空間隔的平方 Δs^2 的計算公式，你會發現光錐有一個奇怪的特點：光錐上的任一點與光錐頂點的時空間隔都為零。這意味著，當你打開燈的時候，一群光子以 30 萬 km/s 的速度呈一個球面四散而去，但是，不管它們飛到哪裡，這群光子與燈亮這個事件的時空間隔都沒變，都是零。簡直太不可思議了！這該怎麼理解呢？

我來談談個人的粗淺看法，以供讀者朋友們參考。首先，我們要明確的一點是，時空間隔不等於空間距離，這群光子與燈亮這個事件（既包括燈泡的位置，也包括開燈的時間）的時空間隔是 0，並不是光子與燈泡的空間距離是 0，它們與燈泡的空間距離以 30 萬 km/s 的速度在增加；其次，不管你在任何時候、任何地點觀察這些光子，只要你的分辨力足夠，你看到的都是燈亮一瞬間的圖景，所以說這群光子與燈亮這個事件的時空間隔為 0。以上是從我們的角度觀察，如果從光子自身的角度來看，由於時間延緩，光子的時間是停滯的，而由於空間收縮，飛行距離也是 0，所以對它來講，它覺得時間、地點完全就沒變，所以時空間隔一直是 0。說實話，從光子的角度我實在沒法理解這個世界，還是當人類比較好。

2. 光錐內外區域的特點

再看圖 8-11，對於時空中的一個事件 O，被光錐圍住的區域可分為 Ⅰ、Ⅱ 兩個區域。根據時間軸的方向來判斷，可知 Ⅰ 區的時間是未來時間，Ⅱ 區的時間是過去時間。所有由 O 發出的光線都在未來錐（Ⅰ 區）的錐面上，而所有被 O 接收到的光線都在過去錐（Ⅱ 區）的錐面上。因為信號傳遞速度不可能大於光速，所以任何兩個有因果連繫的事件之間都要在光錐內。因此，區域 Ⅱ 可以叫做「有影響的過去」，即能夠影響現在的過去，所有能夠以任何方式影響 O 點的事件都發生在這裡。另一方面，區域 Ⅰ 是一個其未來能夠受我們影響的世界，這個區域可以叫做「受影響的未來」。

現在還剩光錐外的時空區域，即區域Ⅲ。關於這個區域，令人無奈的是，我們既不能現在從 O 點影響它，它也不能影響處於 O 點的我們，因為沒有任何東西能夠跑得比光更快。所以說，光錐之外的世界與此時此刻的我們無關。

　　當然，在區域Ⅲ發生的事情能夠在稍後影響我們，因為區域Ⅲ的每一個世界點也有光錐，當它們的光錐與我們的世界線發生交集時，就開始跟我們建立連繫。比如說，現在是9點，我們現在看不到「9點太陽」，因為「9點地球」處於「9點太陽」的光錐之外（見圖8-12）；不管太陽在9點時發生了什麼變化，都與我們無關。不過等到了9：08的時候，我們就能看到9點時的太陽了，因為「9點太陽」的光錐面已經抵達了地球，這時，我們的命運才能被9點鐘的太陽所影響。比如，假如太陽9點時突然熄滅，那麼，我們在9：08才會陷入黑暗，在此之前，它不可能影響到我們。

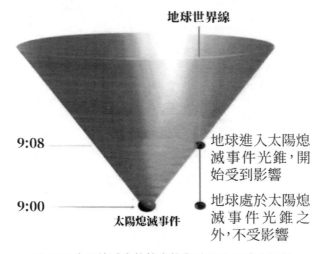

地球世界線

9:08　　地球進入太陽熄滅事件光錐，開始受到影響

9:00　　地球處於太陽熄滅事件光錐之外，不受影響
太陽熄滅事件

圖8-12 太陽熄滅事件的光錐與地球世界線的交匯

　　事實上，由於任何時刻太陽的光錐都要經過8分鐘才能覆蓋地球，所以我們每一秒看到的太陽其實都是8分鐘之前的太陽，而對8分鐘之內的太陽我們則一無所知（見圖8-13）。

　　如此說來，當我們抬頭仰望星空的時候，我們看到的每顆星星都是它過去的狀態，此時此刻那顆星星怎麼樣了，我們無從得知也無法改變，因為我們處在它此刻的光錐之外。我們看到的只是歷史，是滿滿的宇宙歷史……

正是：

伽氏變換變勞氏，愛氏時空世人驚。

相對論裡有絕對，兩大原理基調定。

物理定律恆不變，光速不變奧妙多。

時間延緩空間縮，質量增大能量增。

三大守恆合一律，四維時空是一體。

轉個角度看世界，光錐之內即命運。

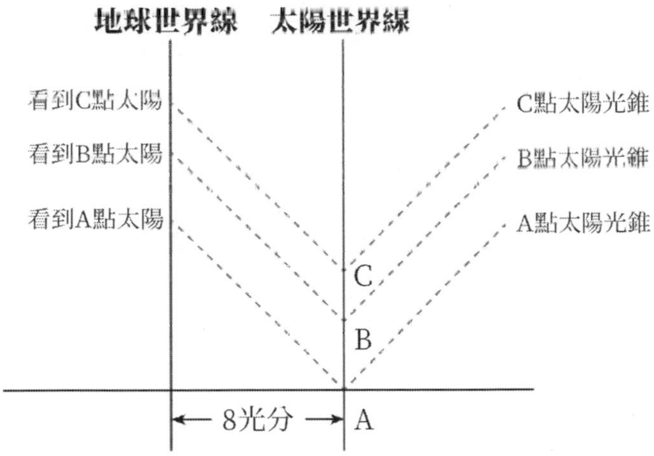

圖 8-13 太陽任一時刻的光錐與地球世界線的交點永遠在該時刻太陽光發出 8 分鐘以後，
圖中 *A*、*B*、*C* 為太陽的不同時空點（8 光分就是光在 8 分鐘內飛行的距離）

第一部分　狹義相對論

第二部分

廣義相對論

9　廣義相對論的建立

狹義相對論使人類對時空的認知發生了巨大的前進，但是，它只是相對論的起點而不是終點。愛因斯坦很快就發現，狹義相對論還存在一些問題沒法解決，於是，他開始著手構建更具普遍意義的相對論 —— 廣義相對論。十年後，他終於大功告成。廣義相對論使人類對時空和宇宙的了解又深了一層，代表了人類智慧的巔峰。愛因斯坦對自己的創舉也是相當滿意，他曾自豪地總結道：「狹義相對論如果我不發現，5 年內就會有人發現；廣義相對論如果我不發現，50 年內也不會有人發現！」

9.1　愛因斯坦的困惑

狹義相對論雖然取得了巨大的成功，但它並不是完美無缺的。愛因斯坦建立狹義相對論的興奮心情還沒過去，他就遇到了兩個難以解決的問題。

第一個問題出在狹義相對論中相對性原理的適用範圍上。狹義相對性原理指出：任何物理定律在所有慣性系中都是等價的，都具有相同的數學表達形式。愛因斯坦意識到，這條原理的適用範圍太窄了，因為它只適用於慣性系，而慣性系只是一種極為特殊的參考系，它並沒有真正體現相對性原理的普適性。

所謂慣性系，就是保持靜止或等速直線運動狀態的參考系。從理論上來講，慣性系是不存在引力作用、不存在自身加速度的「自由」參考系，可是，由於宇宙中無處不在的萬有引力，從而導致加速度無處不在，所以，宇宙中根本不存在真正的慣性系，處理實際問題時所有的慣性系都是近似的！

為什麼只有慣性系滿足相對性原理？為什麼慣性系比其他參考系更為優越？愛因斯坦陷入了困惑。

　　慣性系的問題還沒解決，愛因斯坦又遇到了第二個問題。驗證一種物理理論是否滿足相對性原理，就要看它在勞倫茲變換下是否具有不變的形式（稱為勞倫茲協變性）。電磁學定律在勞倫茲變換下形式不變，這一點滿足得很好（見 5.2 節）。牛頓力學定律透過相對論質量修正，也能保證勞倫茲協變性，這一點也沒問題（見 6.2 節）。人們對其他各種物理定律進行檢驗，也都經受住了勞倫茲協變性的考驗，但是有一個非常重要的定律卻出現了問題 —— 萬有引力定律！包括愛因斯坦在內，人們發現萬有引力定律並不滿足勞倫茲協變性的要求。

　　萬有引力作為自然界中最基本的一種作用力，竟然與相對論發生矛盾，愛因斯坦意識到這個問題非常嚴重。起初，他試圖在狹義相對論的框架內處理萬有引力定律，希望透過增加一些修正項來解決問題。但令他沮喪的是，「重力」這個傢伙不那麼好對付，怎麼也無法將它納入狹義相對論的框架中。

　　愛因斯坦被這兩個問題困擾著，坐在伯恩專利局辦公室椅子上的他，經常為此陷入沉思。

9.2　廣義相對論的構想

　　出現了這兩個問題，就代表狹義相對論是錯的嗎？不能這麼說。狹義相對論是經過大量實驗檢驗的，無論是高速飛行的微觀粒子，還是飛機上的原子鐘，還是原子彈的爆炸，還是各種電磁學實驗，都證明狹義相對論是正確的。

　　在粒子物理學中，狹義相對論也取得了輝煌的成就。根據物理理論都必須滿足勞倫茲協變性的要求，英國物理學家狄拉克（Paul Dirac）把狹義相對論和量子力學結合起來，預言了反物質的存在。後來發展起來的勞倫

茲協變量子場論在研究基本粒子的相互轉化規律方面又取得了巨大成就。所有這些事實都表明狹義相對論是一個重要的基礎性理論。

　　愛因斯坦當時雖然不可能預知這些實驗，但他肯定不會懷疑自己理論的正確性。那麼，問題出在哪裡呢？

　　一個念頭在愛因斯坦腦海中閃過，如果物理規律在所有參考系中都相同，那麼慣性系的問題不就解決了嗎？如果物理規律在所有參考系中都相同，那自然在所有慣性系中都相同，即使慣性系不能嚴格定義也沒關係了，即使慣性系都是近似的也沒關係了，反正都屬於參考系，狹義相對論中的相對性原理自然還是正確的。更有意義的是，這是更為普遍的相對性原理，所有參考系都平權，取消了慣性系的優越地位！

　　這真是一個大膽而合理的猜測！對於這一想法的產生，愛因斯坦有在不同場合闡述過多次，我們來看看愛因斯坦自己的說法吧：

　　「我對廣義相對論的最初想法出現在兩年之後的 1907 年。想法是突然產生的。我對狹義相對論並不滿意，因為它被嚴格地限制在一個相互具有恆定速度的參考系中，它不適用於一個做任意運動的參考系，於是我努力地把這一限制取消，以使這一理論能在更為一般的情況下討論。」

　　「自然界跟我們的座標系及其運動狀態究竟有何相關呢？如果為了描述自然界，必須用到一個我們隨意引進的座標系，那麼這個座標系的運動狀態的選取就不應受到限制，物理定律應與這種選取完全無關。」

　　「迄今為止，我們只把相對性原理，即認為自然規律與參考系無關這一假設應用於非加速參考系，是否可以設想，相對性原理對於相互作加速運動的參考系也依然成立？」

　　物理規律應該在所有參考系（包括慣性系和非慣性系）中都相同——這就是愛因斯坦提出的廣義相對性原理。為了滿足這條原理，愛因

斯坦需要找到各種物理定律的新的數學形式，使得對於任意座標變換而言，其方程形式是不變的（稱為廣義協變性（General covariance））。這就是廣義相對論的初步設想。

在構思廣義相對論的過程中，愛因斯坦意識到，困擾他的重力問題也可以一併解決，因為他發現，加速度產生的效應和重力產生的效應是一致的，這就是他發現的另一條原理 —— 等效原理（Equivalence principle）（詳見 9.7 節）。根據這條原理，無法納入狹義相對論的重力問題可以在廣義相對論中得到解決。

愛因斯坦不愧是科學大師，當重力問題無法納入狹義相對論框架時，他構建了一座更為全面、更為宏偉的理論大廈解決了重力問題，反過來把狹義相對論納入其中。按照這一設想，廣義相對論是狹義相對論的推廣，或者說，狹義相對論是廣義相對論的特例。對此，愛因斯坦指出：

「不能認為狹義相對論的有效性是無止境的，只有在我們能夠忽略重力場對現象的影響時，狹義相對論的結果才能成立。……任何物理理論都不會獲得比這更好的命運了，即一個理論本身指出創立另一個更為全面的理論的道路，而在這個更為全面的理論中，原來的理論作為一個極限情況繼續存在下去。」

就像牛頓力學並沒有因為狹義相對論的出現而失去意義一樣，狹義相對論也沒有因為廣義相對論的出現而失去意義。愛因斯坦指出，在重力作用可忽略時，狹義相對論是適用的，而引力作用不可忽略時，就要用廣義相對論來解決問題。在目前已知的四種基本作用力中，重力比其他三種力（電磁力、強力、弱力）要小三十多個數量級（Order of magnitude），因此在微觀領域，重力的影響絕大多數情況下可忽略不計。而在宏觀領域，即天體與宇宙領域，星體間存在著強大的重力作用，廣義相對論就能大顯身手了。

9.3　回顧：萬有引力定律的發現

關於天體的運動，「地心說」在歐洲占統治地位近兩千年，人們認為地球就是宇宙的中心。直至 16 世紀初葉，才由波蘭天文學家哥白尼提出「日心說」，但這種學說跟當時歐洲教廷的教義並不相容，所以被教會嚴厲打擊。歐洲中世紀處於教會的嚴密控制下，以至於義大利思想家布魯諾（Giordano Brun）因贊同日心說而慘遭火刑，伽利略也被迫公開聲明放棄日心說。

但是隨著文藝復興的興起與教會勢力的衰落，教會已經不能阻擋科學的發展。17 世紀初，德國天文學家克卜勒根據他的老師第谷（Tycho Brahe）累積的天文觀測資料以及自己的實際觀測，不但證明了日心說的正確性，還提出了行星運動的三條基本定律，合稱克卜勒三定律（見圖 9-1）。這三大定律為他贏得了「天空的立法者」的美名。

第一定律（軌道定律）：

行星繞日的軌道是一個橢圓，太陽位於橢圓的一個焦點上。

在克卜勒之前，所有人都認為行星的軌道是圓形，因為太陽系八大行星中，除了水星和火星外，其他行星只偏離了正圓一點點，以當時人們的觀測水準是很難發現的。火星的偏離實際上也很小，但克卜勒還是發現了那一點點的偏差，終於證明了火星的軌道是橢圓，從而引導了一場徹底的天文學革命。

第二定律（等面積定律）：

太陽到行星的連線在單位時間內掃過的面積相等。

這條定律看上去有一點神祕，為什麼掃過的面積會相等呢？其實，這是角動量守恆的表現。像動量守恆一樣，角動量守恆也是自然界中最基本

的適用規律之一，它對微觀、宏觀及宇觀系統均適用。如果你觀察冰上旋轉的花滑運動員，你會發現，當他的雙臂從張開變為併攏時，他就能旋轉得更快，這就是角動量守恆的結果。

第三定律（週期定律）：

行星公轉週期的平方，與橢圓軌道半長軸（即長軸的一半）的立方成正比。

克卜勒花了九年時間才找到這條規律。這條規律比他原來猜想的要複雜一些，但太陽系內所有行星都完美地符合這一規律，這使克卜勒非常興奮，這說明，太陽和它周圍的行星不是偶然的、沒有秩序的「烏合之眾」，而是一個有嚴密組織的天體系統──太陽系。

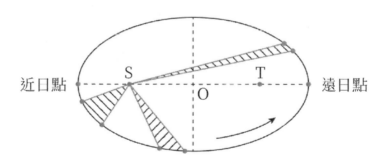

圖 9-1 克卜勒三定律圖示。S、T 為橢圓的兩個焦點，太陽位於 S 點；O 點到遠日點或近日點的距離是半長軸長度；圖中陰影部分為太陽到行星的連線在相同時間內掃過的面積，均相等

克卜勒雖然發現了行星的運行規律，但是，是什麼力使行星如此運動呢？這個問題克卜勒沒有涉及。幾十年後，牛頓根據克卜勒三定律和伽利略自由落體定律，經過長時間研究，發現了普遍存在於兩個物體之間的一種相互吸引力──萬有引力。牛頓的萬有引力定律表述如下：任何兩個物體都相互吸引，重力的大小與兩個物體質量的乘積成正比，與它們之間距離的平方成反比。即

$$F = G\frac{m_1 m_2}{r^2} \qquad\qquad (9\text{-}1)$$

式中：F 是兩個物體之間的重力；G 是萬有引力常數，其值為 $6.67 \times 10^{-11} \text{N·m}^2/\text{kg}^2$；$m_1$ 和 m_2 是兩個物體的質量；r 是兩個物體質量中心之間的距離。

萬有引力定律使人類第一次把驅使蘋果落地的力跟天體運行的力統一起來，這是人類認知自然的重大進步。牛頓把他的萬有引力定律運用於天文學研究，取得了極大的成功。在《自然哲學之數學原理》這本巨著中，他完成了對日心說的力學解釋，證明了克卜勒三定律，解釋了行星、彗星、月球以及潮汐的運動原理，等等。

牛頓不但提出了三大力學定律，他還領悟了萬有引力的真諦，創建了一套完整的力學體系。關於牛頓的偉大，可以用一位英國詩人參觀牛頓墓後所作的一首詩來概括：

自然和自然規律隱藏在黑暗中。

上帝說，讓牛頓來吧！

於是一切光明。

9.4　重力場：質量也能產生場

在萬有引力定律問世後相當長的一段時期內，人們認為物體之間的相互吸引力是一種「超距作用」。按照這種觀點，萬有引力是一種瞬間的作用，不需要任何傳遞時間。

同樣的情況在電磁力的研究中也出現過。在法拉第之前，人們認為兩個相隔一定距離的帶電體或磁體之間的相互作用也是超距作用。但是從法拉第到馬克士威，科學家們經過深入的研究，逐步形成了電磁場的概念，了解到電磁力是以電磁場來傳遞的，這種傳遞的速度與光速相同。

自從有了電磁場的概念以後，重力場的概念也就自然而然地建立起來了。物體的電荷會激發出電場，同理，物體的質量會激發出重力場。現代科學已經證明，場是物質存在的一種基本形式，物體會影響場的分布，場與物體之間有力的作用，例如重力場施力於有質量物體，電場施力於帶電荷物體。

任何有質量的物體都會在其內部及外部空間建立起一個與其本身有關的重力場，重力並非某種超距作用的結果，而是受到重力場直接作用的結果。例如地球對蘋果的作用是地球在其周圍產生了重力場，由重力場對蘋果施加作用力，從而引起蘋果的下落；同樣，蘋果在自己的周圍也產生重力場，蘋果的重力場也會對地球施加重力，但由於地球的質量太大，所以影響非常小。

就像電場中有電場強度一樣，在重力場中，人們也引入了重力場強度的概念。假設一個質量為 m 的物體在重力場中某點受到的重力為 F，研究顯示，對給定的場點，比值 F/m 具有確定的大小和方向，這一比值從力的方面反映了重力場本身所具有的性質，因此，定義 F/m 為該點的重力場強度。

不受任何阻力，只在重力作用下而降落的物體叫「自由落體」。在自由落體實驗中，下落物體所受的重力為 $F = mg$。顯然，g 就是當地的地球重力場強度（也就是我們常說的重力加速度），結合萬有引力定律，我們可以得知地球外部重力場強度與物體與地心距離的平方成反比。由於地球半徑很大，所以在地表附近的 g 基本是一個常數。

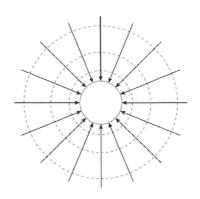

圖 9-2 質量均勻分布的球殼的重力場力線分布圖，虛線是場強相等的面

　　像電場、磁場一樣，重力場的分布圖像也可以用力線來表示，圖9-2
給出了一個質量均勻分布的球殼的重力場力線分布圖，由於各向相互抵
消，所以球殼內的重力場為零。但是如果是一個密度均勻的實心球體，則
其內部也存在重力場，但場強變化規律與球體外部不同，如圖9-3所示。
對於地球這樣的實心球體，如果你從地表下落的話，由於地核密度遠大於
地表，所以最初幾千公尺，你受的萬有引力會增大，但接下來你所受到的
萬有引力就會逐漸減小，在地球中心會減小到零。

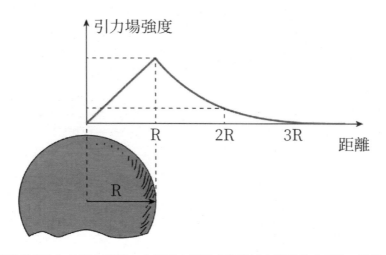

圖9-3 對於密度均勻的實心球體，內部重力場強度與與球心的距離成正比，外部重力場強
度與與球心距離的平方成反比

9.5　馬赫原理對愛因斯坦的啟發

　　廣義相對論希望找到適用於所有參考系的物理規律，所以我們需要認
清慣性系和非慣性系的特點。

　　慣性系有一個重要的性質，即：如果我們確認了某一參考系為慣性
系，則相對於此參考系作等速直線運動的任何其他參考系也一定是慣性
系。反之，相對於它作加速運動的參考系則是非慣性系。

最簡單的加速運動是等加速運動，即加速度保持恆定的加速運動。最常見的等加速運動就是自由落體運動（見圖 9-4（a））。這種運動的加速度方向總是垂直向下，在同一地點的所有物體，不管它們的形狀、大小和質量有什麼不同，它們的重力加速度都相同，這就是大家熟知的自由落體定律。地面附近的重力加速度大約是 9.8 m/s²。

自由落體定律最早是由伽利略發現的，人人熟知的「比薩斜塔實驗」是否真的進行過眾說紛紜，但伽利略在他的著作中對此現象有清楚的描述：

「從 200 尺高處放下的一顆一、兩百磅甚至更重的砲彈，不會比同時放下的僅半磅重的子彈到達地面領先，快一秒鐘也不會。」

1999 年，美籍華裔科學家朱棣文進行了原子的自由落體實驗，發現單個原子的重力加速度與宏觀物體的重力加速度相同，從而證明了自由落體定律在微觀尺度上也是成立的。

自由落體運動屬於直線等加速運動，另一類常見的等加速運動是圓周運動（向心等加速運動）：加速度大小不變，方向雖然變化，但總是指向圓心，如月亮繞地球的運動基本上就屬於這類運動。月亮不斷向著地球加速，卻總被切向運動所抵消，所以它不會逼近地球（見圖 9-4（b））。

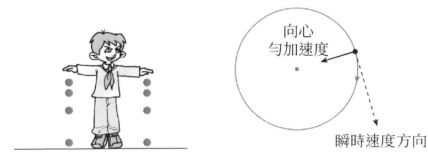

(a)自由落體運動　　　　(b)圓周運動

圖 9-4 兩種類型的等加速運動

在非慣性系中的物體會感受到慣性力的作用。比如當電梯加速上升時，你會感到體重增加；電梯加速下降時，你會感到體重減輕。這種超重和失重現象就是人除了受到地球引力外還受到慣性力作用之故。在剎車時，乘客不由自主地前傾也是一個受慣性力作用的例子。

慣性力看似簡單，細細思索卻讓人頭痛。物理學家們發現，慣性力和別的力的效果並無差別，比如它同樣可以拉長一根彈簧，使彈簧發生形變。但是，別的力都有反作用力，慣性力看起來卻好像沒有施力者，找不到它的反作用力。這真是一種莫名其妙的力！

牛頓認為，當非慣性系相對於絕對空間作加速運動時，就會出現慣性力。狹義相對論否認了絕對空間的存在，認為慣性力是非慣性系相對於慣性系加速的反映。但是，無論是牛頓力學還是狹義相對論，都沒有找到慣性力的施力者和反作用力，所以都沒能解決慣性力的本質問題。

對於這個問題，奧地利物理學家馬赫有自己獨到的見解，他認為正是物體與宇宙中所有星體間的相互作用，才導致了慣性力的出現。

馬赫的觀點對愛因斯坦有極大的啟發，愛因斯坦曾稱馬赫是「相對論的先驅」。他把馬赫的思想總結、昇華為「馬赫原理」，按照這一原理，慣性力起源於受力物體相對於宇宙中所有其他物體的加速，正是這種「相對加速」使受力物體與宇宙中的其他物體產生了相互作用，這種相互作用就表現為慣性力。

由於沒有足夠精確的實驗驗證手段，也沒有一個令人滿意的理論模型，因此，馬赫原理還有待於進一步驗證。但是，愛因斯坦當年創立廣義相對論，受到馬赫思想的啟發是毫無疑問的。愛因斯坦看到，按照馬赫的理論，慣性力與萬有引力類似，都起源於物質間的相互作用。於是他進一步猜測，慣性力與萬有引力可能有著相同或相似的根源，二者可能存在深刻的內在連繫。

9.6　兩種質量的神祕連繫

在對重力和慣性力進行反覆思考後，愛因斯坦注意到：重力和慣性力至少有一點相似，就是二者都與物體的質量成正比。可是，什麼是質量呢？

在牛頓力學中，使用了兩種形式的質量，一種是從萬有引力定律出發，質量表徵產生重力和接受重力作用的能力，可稱之為重力質量（$m_重$），它是對周圍重力場強度的度量；另一種是從牛頓第二定律出發，質量是對慣性大小的度量，質量越大，物體的慣性就越大，這樣的質量可稱為慣性質量（$m_慣$）。

重力是物體間相互吸引的性質，慣性是物體保持原有運動狀態的性質，顯然，二者在物理概念上是不同的。愛因斯坦曾以石頭的自由落體為例來說明這一點，他說：

「地球施以重力作用吸引石頭而對其慣性質量毫無所知。地球的『召喚』力與重力質量有關，而石頭所『回答』的運動則與慣性質量有關。」

自由落體實驗是將萬有引力定律和牛頓第二定律結合在同一物體上的實驗，讓我們順著愛因斯坦的思路，分析一下兩種質量之間的關係。

設想你站在比薩斜塔上，讓一個鉛球和一個木球同時自由落下。假設鉛球的重力質量是木球的 20 倍，且沒有空氣阻力。萬有引力定律告訴我們，鉛球受到的重力是木球的 20 倍。

那麼這兩個小球響應所受力的速度有多快呢？是不是鉛球受的重力大，下落得就快呢？牛頓第二定律表明，物體響應任何力的方式都是加速，力和加速度之間存在著緊密的連繫：$F = m_慣 a$。顯然，在相同大小的力的作用下，慣性質量越大，加速度越小，即慣性質量越大，物體響應力的速度就越慢。

　　重力質量告訴我們物體所受萬有引力的大小，慣性質量告訴我們物體對力發生響應的速度，這兩種質量看上去似乎並沒有什麼明顯的關聯。然而，我們都知道，兩個球會同時落地，兩者的加速度完全相同。這個結果暗示著一個驚人的事實：重力質量和慣性質量是相等的！鉛球的重力質量大，慣性質量也成比例的大；木球的重力質量小，但慣性質量也成比例的小；因此二者有著完全相同的加速度。

　　牛頓最早了解到自由落體定律的成立需要建立在重引力質量與慣性質量相等的基礎上。為了證實這一點，牛頓做了一系列單擺實驗，得到重力質量與慣性質量相等的結果，實驗精準度是 10^{-3}。後來匈牙利物理學家厄特沃什（Roland Eotvos）用扭擺做了實驗，精準度提高到 10^{-8}。後來又有人改進了厄特沃什的實驗，把精準度提高到 $10^{-11} \sim 10^{-12}$。此外，還有人測量了原子和原子核結合能所對應的慣性質量與重力質量，也是相等的。

　　重力質量等於慣性質量，這一牛頓力學中長期被人們忽視的「偶然」現象，引起了愛因斯坦的重視，這意味著重力與慣性力有著密切的連繫，馬赫原理並非空穴來風。愛因斯坦終於找到了突破點，他在一次題為〈廣義相對論的來源〉的講座中說：

　　「在重力場中，一切物體都具有同一加速度。這條定律也可表述為慣性質量和重力質量相等的定律，它當時就使我了解到它的全部重要性。我為它的存在感到極為驚奇，並猜想其中必定有一把可以更加深入地了解慣性和重力的鑰匙。」

　　不久，愛因斯坦終於找到了這把鑰匙 —— 等效原理。

9.7　等效原理

就像重力是透過重力場施加作用一樣，慣性力也可以看成是一種想像的力場 —— 慣性力場的作用效果，慣性力場的場強就是加速度。重力質量與慣性質量相等，使愛因斯坦敏銳地意識到：在空間的局部區域內，重力場和慣性力場是等效的，一個封閉系統裡的人無法對自己是處於重力場還是處於慣性力場作出判斷。愛因斯坦在一次題為〈我是如何發現相對論的？〉的講座中說道：

「那天，我坐在伯恩專利局的辦公室裡，腦子裡突然閃出一個念頭：如果一個人正在自由落下，他絕不會感到他有重量。我吃了一驚，這個簡單的想像給我的印象太深刻了，它把我引向新的重力理論。我繼續想下去：下墜的人正在作加速運動，可是在這個加速參考系中，他有什麼感覺？他如何判斷面前所發生的事情？於是，我決定把相對性原理推廣到加速參考系中。我認為，在完成這一步的同時，我還能把重力問題一併解決。一個下墜的人之所以感覺不到他有重量，那是因為在他的參考系中有一個新的重力場（即慣性力場）把地球的重力場抵消了。」

愛因斯坦把這個靈光一現的念頭總結成一個著名的思想實驗 —— 愛因斯坦電梯。

設想遠離重力場的外太空中有一電梯，電梯正在等加速度上升（注意：不是等速上升），加速度的大小恰好等於地球表面的重力加速度 g。這時電梯中的人照樣會感到自己有重量，他站在體重計上稱自己的體重，會發現他的體重和在地球上的體重完全一樣。他把蘋果、鐵球等物體拿在手裡，放手後會發現所有物體都以相同的加速度 g 下落，和地球上的自由落體規律完全一樣。他把手中的物體拋出去，會發現物體的運動軌跡是拋物線，還與地球上一樣（見圖 9-5）。

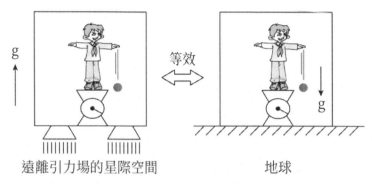

遠離引力場的星際空間　　　　　　　地球

圖 9-5 愛因斯坦電梯

　　假如這個人從地球進入這部太空電梯的過程處於昏睡狀態，當他醒來以後，由於看不見外面，而他的感受又與在地球時完全一樣，那麼他就會以為自己不過是處於地球表面一個靜止的電梯裡而已。由此可見，電梯裡的人完全無法區分自己受到的是萬有引力還是慣性力。用愛因斯坦的話來說，就是：

　　「在一個封閉箱中的觀察者，不管用什麼方法也不能確定，究竟封閉箱是靜止在一個靜止的重力場中呢？還是處在沒有重力場但卻作加速運動（由加於箱的力所引起）的空間中呢？」

　　這一思想實驗的結果顯示，在局部時空區域，不可能將慣性力場與重力場區分開來，二者的力學效應是完全一樣的。這就是愛因斯坦提出的「等效原理」。

　　這裡必須強調，由於地球重力場是球形分布的，力線指向球心，而電梯的慣性力場的力線是平行向下的，所以二者嚴格說來是可以區分的，但是在無窮小的區域內是不可區分的，所以等效原理是一個局域性的原理。

　　過去人們總認為，靜止在地面的電梯是一個慣性系，加速上升的電梯是一個非慣性系，現在愛因斯坦卻發現，二者竟然是「等效」的！這就意味著，慣性系並不特殊，它和非慣性系並沒有本質的區別，二者是平權的。

前面提到，愛因斯坦希望將狹義相對性原理推廣為廣義相對性原理（慣性系和非慣性系對物理現象的描述是平權的，任何物理定律在任意座標變換下形式不變），其關鍵在於找到推廣的可能性，而這一可能性正來自於等效原理。根據等效原理，非慣性系中的慣性力場等效於重力場，這就是說，非慣性系與慣性系的唯一區別僅在其中存在一個重力場。可以這麼說：對任意觀察者，不論其運動狀態如何，都可以認為自己處於一個慣性系中，只不過在他周圍出現了不同程度的重力場而已。在這個意義上，廣義相對論可以透過重力場保證所有觀察者的物理定律的一致性。於是，只要找到一個與座標系的選擇無關的重力場方程式，非慣性系的座標變換問題就解決了，重力問題也同時解決了，一切問題都迎刃而解了。廣義相對論就是在此基礎上發展起來的。

需要說明的是，無法透過力學實驗區分重力場和慣性力場稱為弱等效原理；而一旦推廣到任何物理實驗都不能區分這兩種場，則叫做強等效原理。事實上，廣義相對論的基礎是強等效原理，僅有弱等效原理是不夠的。研究顯示，弱等效原理等價於「重力質量等於慣性質量」，因此，弱等效原理是有精密實驗支持的，而強等效原理則沒有如此精密的實驗基礎。不過，廣義相對論取得的成功，反過來證明了強等效原理的正確性。

9.8　從物理到幾何

現在愛因斯坦面對的問題，是要找到一個與座標系無關的重力場方程式，這並非易事，足足花費了他七、八年的時間。在此期間，他最大的思維突破來自於把萬有引力與時空的幾何效應連繫在一起。

愛因斯坦注意到，在自由落體運動中，不論物體的物理組成如何，也不論它們的質量大小如何，它們下落的過程是完全相同的，也就是說，一切物體在重力場中有完全相同的運動方程式，其運動過程僅取決於重力場

的力線分布，而與物體的固有屬性無關。這個被人們普遍忽視的圖像，引起了愛因斯坦對重力場物理本性的思考。他意識到，重力場的性質完全可以借助時空的幾何結構來描述，萬有引力作用很可能源於重力場的幾何效應。

從物理效應到幾何效應，這是一個重大的思維突破，這是愛因斯坦建立廣義相對論重力場方程式的關鍵一步。但是愛因斯坦很快了解到，時空的幾何不是平直空間幾何，他面臨著巨大的數學上的困難。關鍵時刻，又是他的老同學格羅斯曼出手了。

1912 年，愛因斯坦出任母校蘇黎世聯邦理工學院的物理學教授，跟已經是數學系主任的格羅斯曼成為同事。沒過幾天，愛因斯坦就臉色憂鬱地跑到格羅斯曼那裡說：「格羅斯曼，你一定要幫我的忙，不然我就要瘋了！」從上大學起，格羅斯曼對愛因斯坦就是有求必應，他一頭埋進了數學舊紙堆中，沒多久，他就找到了愛因斯坦根本沒聽說過的老古董 —— 黎曼幾何。

原來德國數學大師黎曼早在 50 年前就建立了研究彎曲空間的黎曼幾何，可以說為愛因斯坦做好了現成的數學準備。這真是踏破鐵鞋無覓處，得來全不費工夫。愛因斯坦一眼就看出，這套幾何學正是為他的重力理論量身定做的 —— 黎曼幾何正好為他提供了一個現成的不隨座標系變化的四維時空數學架構。

在格羅斯曼的幫助下，愛因斯坦把黎曼幾何引進他的新重力理論。1913 年，愛因斯坦和格羅斯曼合著的論文《廣義相對論和引力理論綱要》發表，提出了引力的時空度規場理論（詳見第 10 章），這篇論文的物理學部分由愛因斯坦執筆，數學部分由格羅斯曼執筆。

隨後，愛因斯坦利用黎曼幾何這個數學工具，全力投入到構建廣義相

對論重力場方程式的工作中。兩年後，幾經波折，他終於大功告成。重力場方程式顯示，重力場會造成時空彎曲，而重力竟是物體在彎曲時空中自由運動時所表現出來的一種假象力，由此深刻地揭示出了時空與物質之間的內在連繫。

附錄：走向巔峰的坎坷之路

1905 年，愛因斯坦提出狹義相對論後，物理學界反響並不強烈。雖然一些有遠見的科學家 ── 比如量子論的創始人普朗克對其高度讚賞，但正所謂曲高和寡，大部分人卻對相對論持懷疑甚至反對態度。這一點普朗克已經預料到了，身為愛因斯坦論文的審稿人，他給愛因斯坦寫過一封信，問他是做什麼的，是否在學術界擔任什麼職位，並說：「你這篇論文發表之後，將會發生這樣的戰鬥，只有為哥白尼的世界觀進行過的戰鬥才能和它相比……」

果不其然，在法國，直到 1910 年以前，幾乎沒有人關注相對論。在美國，相對論在最初十幾年中也沒有受到認真對待，邁克生至死還念念不忘「可愛的以太」。英國也不例外，相對論徹底否定以太，被人們看成是不可思議的事，當時甚至掀起了一場「保衛以太」的運動。被愛因斯坦譽為相對論先驅的奧地利學者馬赫竟聲明自己反對相對論，表示「愛因斯坦的相對論和我的思想毫無共同之處，我斷然拒絕他的相對論」。當時有一位科學史家惠特克（Edmund T. Whittaker）在介紹相對論的歷史時，竟把相對論的創始人歸於龐加萊和勞倫茲，認為愛因斯坦只不過是對他們的理論進行了一些補充。要知道，龐加萊至死都沒有承認相對論的正確性，勞倫茲剛開始也反對相對論，後來才慢慢承認了它的正確性。

在這種情況下，愛因斯坦並沒有像我們想像的那樣一下子走上神壇，事實是，他還是得不到苦求已久的大學教職。1907 年，在普朗克

的推薦下，愛因斯坦申請瑞士伯恩大學的編外講師職位，但得到的答覆竟是他的論文無法理解，拒絕他的申請。這使一向樂觀的愛因斯坦也嘆息了，他放棄了到大學任教的打算，轉而為謀求一個中學教職奔波，他給好幾所中學寫了求職信，但都沒有回音。

　　1907 年，愛因斯坦發表論文《關於相對性原理和由此得出的結論》，提出了等效原理和廣義相對性原理。看到愛因斯坦才華橫溢卻無法得到教職，一些認同他的物理學家開始為他抱不平，在一些學術場合表達了對伯恩大學不接納愛因斯坦的不滿。終於，1908 年 10月，愛因斯坦接到伯恩大學的通知，給予他「編外講師」的職位。所謂編外講師，就是說他有權在該校開選修講座，但學校不給薪水，只能從聽課者那裡收取少量的報酬。所以，愛因斯坦還必須繼續在伯恩專利局工作，他的主要職業仍然是一個專利員。

　　在眾多物理學家的幫助下，1909 年 10 月，愛因斯坦終於實現了自己的夢想，他離開了專利局，出任蘇黎世大學理論物理學副教授，正式成為一名大學教師。隨後，他終於走上了職業坦途。1911 年 3月，愛因斯坦出任布拉格大學理論物理學教授，這一年他發表論文〈關於引力對光傳播的影響〉，得出了光線在重力場中彎曲的結論。1912 年 10 月，愛因斯坦回瑞士，任母校蘇黎世聯邦理工學院理論物理學教授，開始和他的大學好友格羅斯曼合作探討廣義相對論。1913 年，二人發表論文〈廣義相對論和引力理論綱要〉，把黎曼幾何引入廣義相對論，提出了重力的度規場理論。但這只是廣義相對論的理論雛形，還存在著一些缺陷，此後兩年，愛因斯坦把全部精力都投入到了完善廣義相對論當中。

中年時期的愛因斯坦

　　1914 年 4 月，愛因斯坦接受德國科學界的邀請，遷居到柏林，還當選了普魯士科學院院士。1915 年 6 月底，愛因斯坦以他對廣義相對論的最新思考為主要內容，在德國哥廷根大學開設了為期一週的系列講座，並與哥廷根大學的著名數學家希爾伯特（David Hilbert）就廣義相對論涉及的數學問題進行了深入的交流，因為他希望從希爾伯特那裡得到一些數學上的建議。不過，後來發生的事情表明，愛因斯坦或許不應該毫無保留，他向希爾伯特解釋了相對論的每一個艱澀難懂的細節，結果，希爾伯特完全理解了愛因斯坦的理論及其疑難點，沒過多久，他就開始自己動于嘗試解決愛因斯坦尚未完成的工作 —— 尋找重力場方程式。

　　這是愛因斯坦始料不及的，在與希爾伯特的幾次通信中，他意識到希爾伯特追趕的腳步聲已經逼近，自己多年來的心血很可能最終落個為他人作嫁的結果，他感到了前所未有的巨大壓力。為了避免被希爾伯特搶得先機，在隨後的幾個月內，愛因斯坦累得精疲力竭。終於，1915 年 11 月 4 日、11 日、18 日和 25 日，愛因斯坦一連向普魯士科學院提交了〈關於廣義相對論〉、〈關於廣義相對論（補遺）〉、〈用廣義相對論解釋水星近日點運動〉、〈重力的場方程式〉等 4 篇論文，成功地解釋了困擾天文學家們幾十年的水星近日點進動問題，提出了廣義相對論重力場方程式的完整形式，正式宣告廣義相對論作為一種邏輯嚴密的理論終於大功告成。

　　與此同時，希爾伯特也投了稿。1915 年 11 月 20 日，他向哥廷根的一家科學雜誌社遞交了一篇論文 ——〈物理學的基礎〉。這篇論文發表於 1916 年 3 月 1 日，其中也出現了重力場方程式。時至今日，還有人對愛因斯坦與希爾伯特到底誰先發現重力場方程式存在爭論，有人認為希爾伯特投稿比愛因斯坦早 5 天，所以是希爾伯特最先發現的。其實這個問題在 1997 年就搞清楚了，當時人們找到了希爾伯特

的論文原稿與校樣，發現原稿並沒有給出重力場方程式，重力場方程式是希爾伯特在對自己的稿件校正修改時加上的，這時愛因斯坦早已正式宣布了重力場方程式。歷史終於還了愛因斯坦一個清白。其實希爾伯特本人對此並無爭議，他承認愛因斯坦是廣義相對論的創始人，他後來曾說：「的確是愛因斯坦完成了這項工作，而不是數學家。」

愛因斯坦在一次演講中回憶自己創立廣義相對論的艱難過程時說道：「在黑暗中探尋我們感覺到卻說不出的真理的歲月裡，渴望越來越強，信心來來去去，心情焦慮不安，但最後終於穿過迷霧看到光明，這一切，只有親身經歷過的人才會明白。」

1916 年春，愛因斯坦寫了一篇總結性論文〈廣義相對論的基礎〉，同年底，又寫了一本科普性質的小冊子〈狹義與廣義相對論淺說〉。1917 年，愛因斯坦發表〈根據廣義相對論對宇宙學所作的驗證〉，開創了現代宇宙學基礎。1918 年，發表〈論重力波〉，探討了重力波的性質。

1919 年對愛因斯坦來說是酸甜苦辣交織的一年。2 月，愛因斯坦與米列娃 16 年的婚姻走到了盡頭。6 月，愛因斯坦與表姐愛爾莎（Elsa Einstein）結婚。11 月，英國天文學家愛丁頓（Arthur Eddington）透過天文觀測證明，遠方恆星射來的光線在太陽重力作用下會按廣義相對論預言的角度發生偏轉。這一消息公布後，全世界為之轟動。英國皇家學會會長湯姆遜（William Thomson）宣稱愛因斯坦的理論是「人類思想史中最偉大的成就之一」。愛因斯坦終於一舉登上了世界科學之巔。

10　重力場與時空彎曲

千呼萬喚始出來的重力場方程式是愛因斯坦重力理論的基本方程式，它包含了廣義相對論的全部思想。根據這個方程式，物質的存在可以造成時空的彎曲，自由粒子的運動路徑是彎曲時空中的「直線」路徑，引力只不過是物體在彎曲時空中自由運動時所表現出來的一種假象力。這個愛因斯坦自認為 50 年內都不會被別人發現的新理論的確是驚世駭俗！

10.1　光線受重力作用嗎？

牛頓力學讓人們知道，當在重力場中拋出一個物體時，不論是扔出一塊石頭，還是發射一顆砲彈，它的軌跡都是一條叫做「拋物線」的曲線，這是物體受重力作用的結果。那麼，如果發射一道光線，它是否也會受到重力的影響呢？在西元 20 世紀初，人們對於光子這個概念還很陌生（這個概念是愛因斯坦於 1905 年提出來的，1916 年才獲得實驗證實），所以人們總覺得光應該是沿直線前進的。直到現在，我們還習慣於把光線當作直線的標準，當今用於確定短距離內直線的最精確的儀器，仍是以光線作為標準的「雷射準直儀」。

愛因斯坦身為提出「光子」概念的第一人，他指出，雖然光子的靜止質量為零，但光子有運動質量，由於慣性質量與重力質量相同，所以光子也應該受到重力作用，光走的是曲線！對於這一圖像，透過等效原理也能獲得直接的了解。

設想遠離重力場的外太空中有一電梯，電梯側邊有一個小孔，從這個小孔中水平射入一束光。當電梯靜止時，光線在其中的軌跡將是直線。可是，假如電梯正在等加速度上升，加速度的大小恰好等於地球表面的重力

加速度 g，在電梯裡的人會看到怎樣的光線軌跡呢？毫無疑問，他看到的應該是一條向下彎曲的曲線，因為電梯的加速上升將導致光線不再打到與小孔正對的位置，而是一個偏下的新位置上，如圖 10-1 所示。根據等效原理，地球的重力場與加速電梯的慣性力場是等效的，所以當光線透過重力場的時候，也應該呈向下彎曲的形狀。也就是說，光線將由於重力的作用而彎曲。

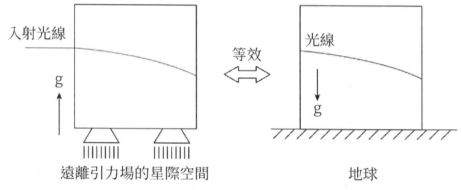

圖 10-1 光線在加速電梯裡的軌跡與重力場中的軌跡一致

　　愛因斯坦意識到，光線在重力場中的彎曲也可以從另一個角度來理解。可以認為不是光線彎曲了，而是重力場使得它周圍的空間彎曲了，更準確地說，是時空彎曲了。光線仍按時空中最短的路徑傳播，但是時空彎曲了，時空中的「直線」並不直，所以它的路徑也跟著彎曲了。

10.2　重力場中的時間延緩與空間彎曲

　　愛因斯坦意識到重力場可能會使時空彎曲後，他的拿手好戲又來了——思想實驗（Thought experiment）。透過一個簡單的思想實驗，他證明了在重力作用下時空確實是彎曲的，這個理論實驗叫「愛因斯坦轉盤」。

　　我們從最簡單的二維空間入手來做這個實驗。假設有一個平面慣性

系，將其設想成一個圓盤的形式，設圓盤的半徑為 r。現在讓這個圓盤繞圓心 O 作等速轉動，顯然轉動起來的座標系是一個非慣性系。這就是愛因斯坦轉盤。

假設有兩個人，一個坐在圓心 O 處，另一個坐在轉盤邊緣 S 處，他們都拿著事先在一起校正過的標準鐘進行時間測量（見圖 10-2）。因為圓心處沒有速度，而邊緣處有線速度（Linear velocity），根據狹義相對論的動鐘延緩效應，圓心處的觀察者將看到邊緣處的時鐘會走得慢一些，而且離圓心越遠，時鐘越慢。

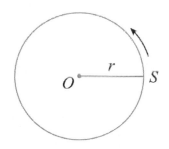

圖 10-2 愛因斯坦轉盤實驗示意圖

那麼圓心觀察者怎樣來解釋這個現象呢？我們知道，轉盤是一個非慣性系，其中存在著慣性力場（慣性離心力場），它的重力場強度在圓心處為零，並沿半徑由中心向外增強。根據等效原理，慣性力場就是重力場，二者不可分辨，所以時間延緩可以看作是一個重力場的效應。於是他就能得出結論：由於出現了重力場，使時鐘變慢，且重力場強度越大，鐘變得越慢。這個效應可稱為「重力場中的時間延緩效應」，簡稱「重力時間延緩」（Gravitational time delay）。

同理，我們再來考慮轉盤中空間的變化。現在兩人都拿著事先在一起校正過的標準尺進行半徑和周長測量。根據狹義相對論，運動方向上會發生長度收縮，垂直於運動方向的長度不變，因此，他們測出來的半徑 r

相等（因為在任一瞬間，半徑與運動方向垂直）。但是當測量圓盤的周長時，情況就變了。在圓心人看來，他會發現邊緣人的尺縮短了，測得的圓周周長就會大於 $2\pi r$，即圓周率大於 π。

圓周率大於 π 已經不能用歐幾里得幾何來解釋了，而是變成了非歐幾何。圓周率大於 π 的幾何學稱為羅氏幾何學，圓周率小於 π 的幾何學稱為黎氏幾何學（詳見 10.3 節）。非歐幾何的空間不再是平直的，而是彎曲的。因此，圓心處的觀測者就能得出結論：由於出現了重力場，使空間由平直變為彎曲，且重力場強度越大，空間彎曲程度越大。

愛因斯坦轉盤是一個形象的思想實驗，由此可以直接地了解到重力場會導致空間彎曲和時間延緩，實際上就是時空彎曲。

需要注意的是，轉盤重力場的空間分布和實際物體產生的重力場是相反的，比如太陽外部的重力場是離太陽越近強度越大，與轉盤剛好相反。因此，在太陽重力場中測得的圓周率小於 π，屬於黎氏幾何。由此可知，實際有質量物體（比如太陽和地球）附近的空間都是彎曲的黎氏空間。

愛因斯坦在 1912 年發表的一篇札記中闡述道：「在均勻轉動系統中，由於勞倫茲收縮，歐幾里得幾何很有可能不再成立。」這裡使用了「很有可能」這樣的字眼，說明他當時還未考慮成熟，因為他當時對非歐幾何知之甚少。好在愛因斯坦後來掌握了黎曼幾何這個數學工具，終於成功構建了描述時空彎曲的重力場方程式。

救愛因斯坦於水火的黎曼幾何到底有何奧妙？下面我們就來簡單了解一下吧。

10.3 彎曲空間的幾何

如 8.1 節所述，俄國數學家羅巴切夫斯基和德國數學家黎曼透過對歐氏幾何第五假設的修改，創立出了兩種新的幾何學 —— 羅氏幾何和黎氏幾何，統稱為非歐幾何。因為非歐幾何有兩種，所以非歐空間也分為羅氏空間和黎氏空間。簡單來說，歐幾里得空間是平直空間，而非歐空間則屬於彎曲空間。表 10-1 給出了 3 種幾何及其對應空間的一些基本性質比較。

表 10-1 3 種幾何的性質對比

比較項目	歐氏幾何	羅氏幾何	黎氏幾何
過直線外一點有幾條平行線	一條	至少兩條	無
三角形內角和	180°	<180°	>180°
圓周率	π	>π	<π
空間曲率	0（平直）	<0（負曲面）	>0（正曲面）
二維空間示例（見圖 10-3）	平面	馬鞍面（又叫雙曲拋物面，看起來像馬鞍）	橢球面（球面是橢球面的特例）
別稱	拋物幾何	雙曲幾何	橢圓幾何

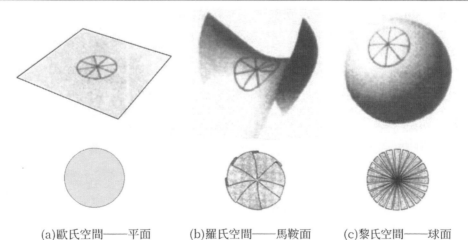

(a)歐氏空間——平面　　(b)羅氏空間——馬鞍面　　(c)黎氏空間——球面

圖 10-3 不同幾何的二維空間示例。圖中 3 個圓的半徑相同，但它們的周長是不同的，與平面相比，馬鞍面上的圓周長更長，球面上的圓周長更短。如果把 3 個圓都剪下來在桌面上平攤開，平面沒有變化，馬鞍面有了褶皺，球面則有了裂縫，所以我們說平面是可展的，馬鞍面和球面是不可展的（不能展開成平面）

對於彎曲空間來講，曲率是一個很重要的概念。關於曲率，我們可以用黎氏幾何中非常簡單的球面的例子來了解一下。相對於一個平面來說，地球和籃球的表面都是彎曲的球面，曲率能告訴我們這兩種球面的彎曲程度有多大，哪個球面彎曲得更厲害。你知道地球的表面是彎曲的，可四下環顧你又沒法真正將它和平面區分開來。而說到籃球的表面，你可以毫不遲疑地說它是彎曲的。為什麼呢？因為籃球表面比地球表面彎曲得更厲害，或者說籃球表面的曲率更大。

有了地球和籃球之間的這番比較，我們就知道如何判斷某一球面的彎曲程度了：曲率和半徑相關，半徑越大，球面曲率越小。這種判斷方法看起來很簡單，可是仔細想一想，你會發現這是從三維的角度來觀察二維曲面得到的判據。如果你身處這個曲面之中，沒法進入第三維度，該如何判斷這個曲面的曲率呢？

這種情況下，我們可以透過觀察曲面內幾何圖形的性質來測算曲率。比如說，如果我們在地球表面畫一個半徑為 10 公分的圓，我們測量不出它和畫在平面上的相同半徑的圓有什麼區別。可是，如果我們在籃球表面畫一個這樣的圓，就會測出它的周長小於 $2\pi r$，也就是說，當我們以 10 公分的尺度在籃球表面內觀察這個籃球時，它已經顯示出彎曲特性了。而為了看到地球的曲率，我們可能得畫一個半徑為 1,000 公里的圓才行。顯然，這說明籃球表面的曲率遠遠大於地球表面的曲率。這樣，不需要從第三維觀察這兩個球面，只要透過在它們上面畫圖形的方式，我們就能測量出它們的曲率大小。

彎曲空間另一個重要的概念是「直線」的概念。觀察圖 10-3 中的二維空間，你可能會有這樣的疑問：彎曲空間怎麼能畫出直線來呢？

原來彎曲空間中的「直線」並不是我們通常所說的直線。在歐氏幾何

中，直線被定義為兩點間的最短線。彎曲空間中的「直線」也是如此定義：兩點之間的最短線。不過在非歐幾何中，把兩點之間的最短線稱為「短程線」（Geodesic，又稱測地線，這個名詞來自於地球測量學）。短程線就是彎曲空間中的「直線」。雖然我們從三維空間中觀察發現二維彎曲空間的短程線是曲線，但因為在二維空間內看不到第三維，所以二維空間內的「人」認為短程線就是直線。

對於球面來說，兩點間的短程線就是經過這兩點的大圓的短圓弧。所謂大圓就是球面上最大的圓，它是過球心的平面與球面的交線，比如地球的赤道和經線都是大圓，但除赤道外的其他緯度線就不是大圓。假如我們在赤道上從 A 點到 B 點修建一條筆直的公路（見圖 10-4），人們開車行進過程中會認為是沿著直線前進，因為地球表面可以看作一個二維黎氏空間，這條公路就是短程線，是「直線」。但實際上我們知道，這條公路在三維空間中是一段圓弧。

再看一下球面上的三角形，它由三條「直線」圍成。如圖 10-4 中，A、B、C 三點在二維黎氏空間中圍成一個由赤道和兩條經度線所組成的三角形。因為每條經度線都與赤道成一直角，而兩條經度線在北極相交，它們之間的交角大於 0°，所以這個三角形的內角和大於 180°，這就是黎氏幾何的特徵。

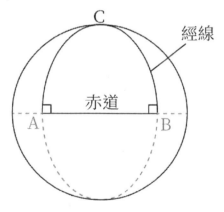

圖 10-4 地球表面的 AB、AC、BC 在二維黎氏空間中都是「直線」，所以 A、B、C 三點在二維黎氏空間中構成一個內角和大於 180° 的三角形

10.4　空間內部看空間：內在幾何學

羅氏幾何和黎氏幾何的主要工作，是分別建立了一套區別於歐氏幾何的幾何體系，而黎曼後來對三種幾何進行的統一和推廣才是最有意義的工作，這就是黎曼幾何。

黎曼幾何最大的貢獻，就是把二維彎曲空間推廣到更高維，構造出了高維彎曲空間的幾何學。因為高維彎曲空間很難直接觀察，所以黎曼構建了一整套數學方法來研究它。

黎曼致力於研究彎曲空間的「內在幾何學」（Intrinsic geometry）。所謂「內在」，是與「外嵌」相對的。以前人們研究二維曲面（即二維彎曲空間）時，實際上是從三維空間的角度觀察的，也就是說，是從這個二維曲面的外部進行觀察的。我們很容易從外部觀察到這個曲面的曲率大小，也能夠觀察到這個曲面是有限的還是無限的，這就是從「外嵌」的角度進行研究。而黎曼想知道的是：在不從曲面外部觀察的情況下，曲面內的生物如何來確定它所生活的曲面的幾何學，這就是「內在幾何學」。

研究二維曲面的內在幾何學看起來似乎並不困難，因為德國大數學家高斯在這方面已經做出了很多卓有成就的工作。上一節所舉例透過在地球與籃球表面畫圖形來確定曲率的例子就屬於「內在幾何學」的範疇。但是，黎曼考慮的不止是二維曲面，他要驗證更高維彎曲空間的內在幾何學，他想知道，在不從外部作任何測量和觀察的情況下，n 維空間中的生物怎樣確定它們所生活的空間的幾何學？事實上，我們自己就處在這樣的情形中，我們無法離開這個三維空間乃至四維時空而從外面觀察它。因此，我們的有關空間幾何學的任何結論必定是從內部作出的。對於高維空間，我們無法用直接的圖像來想像，只能借助於數學工具來分析，這正是黎曼幾何所做的事情。

一個生活在 n 維空間內部的生物能夠辨別出歐氏空間（平直空間）和彎曲空間嗎？黎曼的答案是：能！借助廣義的商高定理（見 8.3 節），能夠從內部來研究空間的曲率，如果空間中兩點之間的距離不能用商高定理來計算，那麼這個空間就不是歐氏空間，它必定是彎曲空間。事實上，可以用兩點間測量的距離與商高定理計算的距離的偏差來研究空間曲率的大小。

黎曼發現，兩點間的距離是幾何中最基本的內蘊量，其他的幾何量都由它來決定，而它又由一個叫「度規」（Metric tensor）的量來決定。給定一個座標系後，度規能告訴我們如何度量 n 維空間中兩點間的距離。有了度規，就能夠測量和計算空間中兩點間的距離，進而能夠測量和計算角度、面積、曲率等其他幾何量，從而確定空間的一切幾何性質。

可以說度規是黎曼幾何的基礎，度規的性質決定了空間的內在曲率，要研究彎曲空間，只要研究度規的數學性質和物理意義就可以了。所以愛因斯坦一眼就發現，黎曼幾何正是他需要的數學工具，度規就是其中的「主角」。

10.5　時空密碼：四維時空度規

所謂「度規」，顧名思義，就是「度量的規範」的意思，它是度量兩點間距離的規範。

對於四維歐氏空間 x-y-z-w，其兩點間的距離可用式（8-1）計算（見 8.3 節），而在黎曼幾何的處理方式中，通常用距離的平方來給出這個公式：

$$\Delta s^2 = \Delta x^2 + \Delta y^2 + \Delta z^2 + \Delta w^2 \qquad （10\text{-}1）$$

為了便於數學處理，需要考慮兩個無窮接近的點之間的距離。由於每個座標的變化量都很小（趨於零但不等於零），所以可以採用牛頓發明的微分形式（見 2.2 節） dx、dy、dz 和 dw 來表示，Δs^2 也變成了 ds^2，於是得到

$$ds^2 = dx^2 + dy^2 + dz^2 + dw^2 \qquad （10\text{-}2）$$

這個式子就是四維歐氏空間的度規。或者說，兩個無窮接近的點之間的距離的平方用座標表示的式子就是度規。

歐氏空間是平直空間，如果空間是彎曲的，它的度規會發生什麼變化呢？

首先，在這 4 個維度上，允許在每一個點採取不同程度的伸縮。也就是說，在 x、y、z、w 四條座標軸的每一點上，都允許重新規定空間的疏密。這樣就需要 4 個參數，我們記之為 g_{11}、g_{22}、g_{33}、g_{44}，每一個參數都是空間座標的函數，它們分別和我們的座標系（實際上是任意的）中的 x 方向、y 方向、z 方向、w 方向的曲率相關。這樣，度規就可以用下式表示：

$$ds^2 = g_{11}dx^2 + g_{22}dy^2 + g_{33}dz^2 + g_{44}dw^2 \qquad （10\text{-}3）$$

其次，如果允許這 4 個維度上的點進入其他維度，就會出現更複雜的情況，還需要增加更多的參數，這些參數也都是座標的函數。黎曼幾何證明，四維空間的度規為

$$\begin{aligned}
ds^2 = {} & g_{11}dx^2 + g_{12}dxdy + g_{13}dxdz + g_{14}dxdw + \\
& g_{21}dydx + g_{22}dy^2 + g_{23}dydz + g_{24}dydw + \\
& g_{31}dzdx + g_{32}dzdy + g_{33}dz^2 + g_{34}dzdw + \\
& g_{41}dwdx + g_{42}dwdy + g_{43}dwdz + g_{44}dw^2
\end{aligned} \qquad （10\text{-}4）$$

上面這個式子太龐雜了，要表示一組數據，最簡便的方法就是列表。當把一組數據列成表時，我們總是把各個數據排成幾行和幾列，要想從表中找到一個數據，只需讀出相應的行和列交叉處記的數值就行了，這個表就叫矩陣。簡而言之，矩陣就是一個有序的數表。為了觀察方便，常把度規用下面的矩陣來表示：

$$\boldsymbol{g}_{\mu v} = \begin{bmatrix} g_{11} & g_{12} & g_{13} & g_{14} \\ g_{21} & g_{22} & g_{23} & g_{24} \\ g_{31} & g_{32} & g_{33} & g_{34} \\ g_{41} & g_{42} & g_{43} & g_{44} \end{bmatrix} \qquad （10\text{-}5）$$

式中，$g_{\mu v}$ 為度規張量，μ 和 v 代表下標中的 1、2、3、4。由此可見，為了確定四維彎曲空間中每一點的曲率，需要 16 個參數，這些參數都是空間座標的函數。選定座標系以後，如果能夠求出這 16 個函數的具體形式，就求出了度規的具體形式，也就等於求出了整個空間的全部幾何性質。

16 個函數！這也太多了，能不能減少一點呢？答案是：能。由於對稱性的原因，其中 $g_{12} = g_{21}$，$g_{13} = g_{31}$，$g_{14} = g_{41}$，$g_{23} = g_{32}$，$g_{24} = g_{42}$，$g_{34} = g_{43}$。所以這 16 個未知函數中只有 10 個是獨立的，也就是說，實際上度規中只有 10 個未知函數（還是不少啊）。

這種用度規描寫的空間，各處可以有任意不同的曲率，從度規出發，就能得到整個空間的全部性質，這正是黎曼幾何的奧妙之處。愛因斯坦發現，把閔考斯基的四維時空和黎曼幾何結合起來，簡直就是為他的廣義相對論量身定做的數學武器。根據閔氏四維時空的「時空間隔」（見式（8-8）），可知其度規為

$$\mathrm{d}s^2 = \mathrm{d}x^2 + \mathrm{d}y^2 + \mathrm{d}z^2 - c^2 \mathrm{d}t^2 \qquad （10\text{-}6）$$

顯然，實閔氏時空 *x-y-z-ct* 的度規張量為

$$g_{\mu\nu} = \begin{bmatrix} 1 & 0 & 0 & 0 \\ 0 & 1 & 0 & 0 \\ 0 & 0 & 1 & 0 \\ 0 & 0 & 0 & -1 \end{bmatrix} \qquad (10\text{-}7)$$

如果閔氏時空發生彎曲，它的度規就會變成式（10-4）所示的表達式，不過是把其中的 *w* 換成 *ct* 而已。其度規張量仍然可以用式（10-5）表示。對愛因斯坦來說，要解決重力問題，建立廣義相對論，只要研究彎曲閔氏時空的度規就可以了。四維時空度規就像一組時空密碼，愛因斯坦需要做的就是找到解鎖這組密碼的鑰匙！

10.6　解鎖時空密碼的鑰匙：重力場方程式

牛頓曾經說過：「如果說我比別人看得更遠些，那是因為我站在了巨人的肩膀上。」按照牛頓的這種說法，閔考斯基和黎曼正是支撐起愛因斯坦的巨人。

閔考斯基為愛因斯坦構建了四維時空，而黎曼則為愛因斯坦準備好了黎曼幾何。黎曼幾何不但能研究四維時空的性質，它還有一個令愛因斯坦驚喜的特點：空間性質與座標系的選擇無關。這正符合他廣義相對性原理的思想 —— 任何物理定律在任意座標變換下形式不變。

數學家是比物理學家更追求理論優美性的一群人。他們同樣不喜歡各種依賴於具體座標系的理論。比如，他們想知道一個曲面的彎曲程度時，並不希望得到這樣的答案：在以某某方向構成的座標系中，曲面在某點沿某方向的曲率是某值。數學家們感興趣的是不隨座標系變化的各種性質，所以他們發明了張量分析。

　　張量這個名詞聽起來挺嚇人，實際上它不過是我們早已熟悉的矢量概念的擴展，其特點是在座標變換時遵循一定的規律。根據變換規律的不同，可分為零階張量、一階張量、二階張量……其中零階張量就是我們常說的標量（例如溫度、能量）；一階張量就是常說的矢量（例如力、動量）；二階張量就沒有常用的名稱了，只能叫二階張量，四維空間的度規張量就屬於二階張量。在四維空間中，零階張量用 1 個數就能表示，一階張量需要用 4 個數表示（比如四維動量由 4 個方向的份量表示），而二階張量需要用 16 個數表示（比如度規張量由一個 4×4 的矩陣表示）。

　　如果我們把物理定律表示成由這樣一些變量構成的方程式 —— 方程等式左右兩邊的變量在座標變化下按相同的方式變化，那麼，它們在變換前所滿足的方程式，在變換以後依然滿足，這樣無論我們用什麼座標系，物理定律的形式就都不會變化了。張量的特點就是在座標變換下按一定規律變化，所以左右兩邊都用同階張量寫出來的方程式就是和座標系無關的。這樣就得到了符合廣義相對性原理的物理定律的形式。

　　在黎曼幾何中，採取張量形式的方程式是很自然的結果。前面提到，愛因斯坦需要找到一個不隨座標系變化的重力場方程式，這個方程式還要能求解出時空度規，因此黎曼幾何很自然地就成為廣義相對論最理想的數學工具。

　　尋找重力場方程式的工作耗費了愛因斯坦大約兩年的時間。由於了解到物質的重力場是導致時空彎曲的原因，所以他設想，方程式的一端應該是描述時空曲率的項，四維時空曲率一定與確定重力場特性（即時空特性）的度規張量相關；另一端應該是描述物質存在狀態的項。愛因斯坦將質量密度的概念擴展成一個張量，稱之為能量動量張量。這個張量中不但包括了能量密度和動量密度，系統的內部應力（Stress）和壓力也以動量流

的形式被包含在其中。經過艱難的探索，最後，愛因斯坦終於找到了他夢寐以求的重力場方程式：

$$R_{\mu\nu} - \frac{1}{2}g_{\mu\nu}R = \frac{8\pi G}{c^4}T_{\mu\nu}$$ （10-8）

　　這個方程式的左邊是時空的幾何描述部分，其中 $R_{\mu\nu}$ 是時空的曲率張量，R 是曲率標量，$g_{\mu\nu}$ 就是式（10-5）所示的四維時空度規張量；方程式的右邊是時空的物質分布部分，其中 $T_{\mu\nu}$ 是能量動量張量，G 是萬有引力常數，c 是真空中的光速。需要注意的是，能量動量張量既包括物質的質量、動量和內部應力，也包括電磁場等力場的能量和動量，但不包括重力場。此外，由於包含了萬有引力常數 G 和光速 c，因而在愛因斯坦的理論中，重力作用的傳遞速度是光速 c，否定了重力是一種超距作用的觀點。

　　重力場方程式看上去好像很簡單，但實際上 $R_{\mu\nu}$、$T_{\mu\nu}$ 和 $g_{\mu\nu}$ 一樣，都是 4×4 的矩陣。分解開來，這就是一個包含 16 個方程式的方程組！好在經過仔細研究發現，這些場方程式只有 6 個是獨立的。一個物理方程式的求解過程，就是從已知的物理量得到未知物理量的過程。對重力場方程式而言，需要求解的未知物理量是度規張量 $g_{\mu\nu}$。但是矩陣 $g_{\mu\nu}$ 中含有 10 個未知函數，所以單有 6 個場方程式還不夠，還需要加上 4 個座標條件方程式，這樣湊夠 10 個方程式 10 個未知數，才可以求解。

　　儘管選擇合適的座標條件會大大簡化重力場方程式的數學求解過程（比如 $g_{\mu\nu}$ 矩陣中可能有一些數是 0），但多數情況下求解還是異常困難。到現在為止，人們只得到了十幾種特殊情況下的嚴格解。

　　愛因斯坦雖然創立了重力場方程式，可是他還沒來得及求解，就被別人搶先了。1916 年，愛因斯坦剛剛創立重力場方程式不到一個月，德國天文物理學家史瓦西（Karl Schwarzschild）就獲得了重力場方程式的一個靜

態球對稱條件下的精確解，稱為史瓦西解，或史瓦西度規（Schwarzschild metric）。這個解預言了黑洞的存在，引起了天文和物理學界的極大興趣，此是後話不提（詳見 13.1 節）。

　　在「低速弱場」的近似下，即物體的運動速度比光速低很多，且重力場不是太強的情況下，愛因斯坦重力場方程式可以簡化成經典力學中的重力場方程式，廣義相對論的結果與牛頓力學一致。因而，我們在處理「低速弱場」的重力問題時，用萬有引力定律是沒有任何問題的。

10.7　物體在彎曲時空中的運動

　　愛因斯坦很早就意識到，建立廣義相對論重力理論的關鍵是尋找兩個方程式：一個是物質如何決定時空彎曲的方程式 —— 重力場方程式；另一個就是物質在彎曲時空中如何運動的方程式 —— 運動方程式。物理學家惠勒曾用一句話來概括廣義相對論：「物質告訴時空如何彎曲，時空告訴物質如何運動。」這句話簡潔地表達了這兩個方程式所對應的物理意義。

　　愛因斯坦設想，廣義相對論的運動方程式應該描述不受外力的自由質點在彎曲時空中的運動。注意，此處的不受外力指的是不受萬有引力之外的力，因為在廣義相對論中萬有引力不算力，它只是時空的幾何效應。在平直空間中，不受外力的自由質點會沿直線運動，在彎曲空間中，「直線」變成了短程線，於是可以類推得出結論：彎曲空間中自由質點的運動方程式就是四維時空的短程線方程式。

　　數學家們早就得出了黎曼空間中的短程線方程式，愛因斯坦順手就把它引用過來，作為廣義相對論的運動方程式。所以，給出運動方程式並沒有耗費愛因斯坦多少時間。他透過運動方程式解釋了困擾天文學家們幾十

年的水星近日點剩餘進動現象（詳見 11.2 節），證明了運動方程式的正確性。

1919 年，愛因斯坦 9 歲的兒子愛德華（Eduard Einstein）問他：「爸爸，你到底為什麼這樣有名？」愛因斯坦笑了起來，詼諧地解釋道：「你看見沒有，當瞎眼的甲蟲沿著球面爬行的時候，它沒有發現它爬過的路徑是彎的，而我有幸發現了這一點。」

到了 1930 年代，愛因斯坦又證明：運動方程式可以從重力場方程式推導得出。由此看來，廣義相對論的基本方程式只有一個，那就是重力場方程式。重力場方程式揭示出了時空、物質和運動之間的深刻連繫。

四維時空的彎曲是很難想像的。沒辦法，我們只能透過二維空間的彎曲來類比一下。

圖 10-5（a）顯示的是一個二維平直空間，圖中畫的網格是為了方便觀察空間中各點的位置。如果一道光線在這個平面內穿行，它將走出一條直線，如圖所示。假如這個空間中出現一個像太陽那樣的大質量物體，空間就會被明顯彎曲，我們可以把這種彎曲想像成圖 10-5（b）所示的樣子，就像平直空間被沉重的太陽壓出一個坑一樣。值得注意的是，這個「太陽」就在這個二維平面內，或者說，這是一個二維太陽，你不要把它想像成一個三維球體。二維空間中的物體只能在二維空間內運動，所以，如果這時一道光在這個空間中穿行，它所走過的最短路徑只能是圖中所示的曲線，它不可能突破二維空間的限制跑到三維空間中去走直線。當然，在這個二維空間中的二維人眼裡，光走的就是「直線」，因為他沒有我們這樣的三維視角。好在雖然二維人看不出來光走的是曲線，他卻可以透過內在幾何學原理判斷出來。比如說他可以測量光線從左側走到右側所用的時間，如果發現光走的時間比正常平面用的時間長，則說明這個二維空間發

生了彎曲，並且可以透過這個時間的差異來推測二維空間的曲率。我們檢驗四維時空彎曲的雷達回波延遲實驗（詳見 11.4 節）就是利用這個原理。

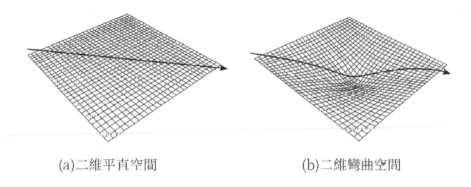

(a)二維平直空間　　　　　　　　　(b)二維彎曲空間

圖 10-5 二維空間彎曲示意圖

　　我們來進一步分析一下物體如何在彎曲時空中運動。仍以圖 10-5（b）為例，我們這次假設空間彎曲是由二維「地球」造成的，也就是說，地球處於圖中凹陷處。如果二維地球上有一棵蘋果樹，樹上的蘋果突然掉落，它會怎麼運動呢？顯然，它會朝凹陷處滾去。按照牛頓的觀點，這是由於地球用「萬有引力」吸引蘋果所致。而按照愛因斯坦的觀點，則是由於地球的存在使空間變彎了，蘋果下落不過是彎曲空間中的自由運動，並不存在什麼「萬有引力」。現在給蘋果施加一個橫向速度，例如你把它拋出去，如果你足夠有力，使蘋果的速度大到一定程度，它就會繞地球轉起來，此時蘋果就成了一個「衛星」，因為它處於凹陷區域內，所以它不會飛出去也不會掉下來。這有點像我們看到的摩托飛車雜技，在一個球形大籠子裡，摩托車可以憑著橫向速度在籠壁上一圈一圈轉而不掉下來。按照牛頓的觀點，這是萬有引力作用，而按照愛因斯坦的觀點，這是有適宜橫向速度的物體在凹陷空間中的慣性運動。

上面的例子只是二維空間的彎曲，而實際宇宙則是四維時空的彎曲。比如太陽的存在使時空彎曲了，行星繞日公轉運動走的就是四維彎曲時空中的短程線。從圖 8-9 可見，這條短程線是閔氏時空圖中的一條螺旋線，此螺旋線在三維空間中的投影就是我們通常所說的行星橢圓軌道。但是需要注意的是，閔氏時空圖是平直時空，實際的彎曲時空中時間軸和空間軸都有伸縮及彎曲，所以實際投影與完整的橢圓會出現偏差。正因為如此，行星公轉才會出現近日點剩餘進動（Perihelion precession）現象。

另外，在廣義相對論中，除了物體自身的存在會造成時空彎曲外，物體的旋轉還會造成一種拖曳效應，導致周圍的時空結構發生一定程度的扭曲。這有點像把一個棒棒糖放入盛滿糖漿的大碗，如果轉動棒棒糖就會扭曲周圍糖漿的形態。2011 年，美國的地球引力效應探測衛星「引力探測器 B」證實了上述引力效應的存在，其中時空彎曲效應的測量精度為 0.3%，拖曳效應的測量精度為 20%。

10.8　堅硬的時空

當我們大談特談時空彎曲的時候，你可能會以為時空像一張柔軟的大網，可以隨意地扭來扭去。如果是那樣，你可就大錯特錯了。時空可不是軟柿子，它不是隨隨便便就能彎曲的，只有具有天體質量的物體才能讓它明顯彎曲。

我們可以設想一下，你把一個鐵球放到橡膠墊子上，鐵球會把墊子壓出一個凹陷，橡膠墊出現了彎曲。但是你說這個鐵球能使時空彎曲多少？那就幾乎為零了，時空的彎曲程度可以忽略不計。我們可以做一個簡單的比較：假設橡膠墊子的堅硬程度為 1，那麼鋼的堅硬度是 10^{11}，而時空的堅硬度則高達 10^{43}，如此高的堅硬度，也只有天體能讓它彎曲了！

　　時空竟然比鋼鐵還堅硬億億億億倍？這太荒謬了吧？！這也許是你的第一反應。但是，讓我們靜下心來好好想一想，就會發現這是可以理解的。鐵球能讓橡膠墊彎曲，這是因為橡膠墊支撐住了鐵球的質量，如果將其放在一張紙上，鐵球就會把紙壓破掉到紙外去，所以橡膠墊比紙堅硬。那麼你想一想，什麼東西能承載質量是天文數字的各種天體呢？唯有時空！天體在不停地運動，就像鐵球在橡膠墊上不停滾動，天體可以把經過的時空「壓」彎，但不會掉出去。如果真的掉了出去，可能就到了另一個宇宙的時空中了。

　　關於時空的堅硬度，還可以換一個角度來看。時空彎曲既包括空間的彎曲，也包括時間的彎曲。你想讓一根鐵棒彎曲很容易，可是如果說讓你把空間彎曲一下，你能做到嗎？正所謂「大象無形」，看似虛無的空間讓你根本找不到施力點。再來看時間，如果讓你把時間維度伸縮或彎曲一下，你能做到嗎？想讓時空彎曲那是難上加難，這豈不說明它堅硬無比嗎？

　　你是不是感覺有點迷糊了呢？這看似無處不在又讓人難以捉摸的時空到底是怎麼彎曲的呢？說實話，我覺得四維時空的彎曲是我們人類的頭腦無法想像的。不過，我們也不必氣餒，愛因斯坦就經常對他的朋友們說：「不要做無謂的嘗試，我也想像不出來！」

11　廣義相對論的實驗驗證

「空間、時間是什麼？別人在很小的時候就已經搞清楚了，而我智力發育遲緩，長大了也沒搞清楚，於是，我就一直揣摩這個問題，結果就比別人鑽研得更深一些。」

愛因斯坦這句玩笑話說得雲淡風輕，但背後卻是十多年的艱辛付出。從 1905 年到 1915 年，愛因斯坦一次又一次地顛覆著人類的時空觀。這沒人能想像出來的時空彎曲能否得到世人的認可呢？那就要從實驗中找證據了。在廣義相對論建立之初，愛因斯坦就提出三大驗證實驗：一是光線在重力場中的彎曲，二是水星近日點的進動，三是光譜線的重力紅移（Gravitational redshift）。最終驗證結果如何呢？

11.1　三大驗證之一：光線彎曲

光線在透過重力場附近時會發生彎曲，這是廣義相對論的重要預言之一。1911 年，愛因斯坦在《關於引力對光傳播的影響》中指出，由於慣性質量與重力質量相同，所以有運動質量的光子也應該受到重力作用，他根據經典重力理論計算了太陽對光線的彎曲，結果是光線經過太陽附近時會偏轉 0.83″（註：1° ＝ 3600″）。由於當時他還沒有建立廣義相對論，所以這個角度實際是牛頓理論下的偏轉角。1915 年，愛因斯坦根據廣義相對論重新作了計算，算出太陽附近光線的偏轉角為 1.75″（見圖 11-1）。這一數值約是牛頓理論的兩倍（萬有引力定律是廣義相對論在「低速弱場」下的近似，對於光就不適用了，所以二者計算偏差很大），孰是孰非，只能寄望於實際觀察的檢驗。

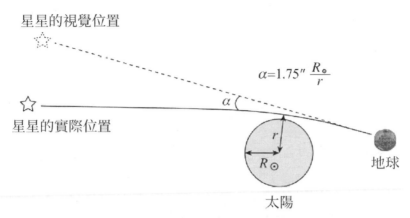

圖 11-1 光線在太陽附近偏轉示意圖。光線到太陽中心距離不同，偏轉角不同，可用圖中公式計算

可是光線彎曲並不能直接觀察到，怎麼辦呢？愛因斯坦提出一個方案，可以在發生日全食時對太陽背後的天區拍下照片，然後等半年左右，再對該天區拍照一次。對比前後兩組觀測結果，就能確定星光被偏折的程度。

為什麼要在日全食時拍呢？很簡單，太陽那麼亮，它背後的星空是看不到的，但是在日全食的時候，月亮把太陽完全擋住，天空猶如黑夜，就可以拍到太陽後面的燦爛群星了。我們知道，地球繞太陽公轉，原先太陽在地球和這片天區中間（就像圖 11-1 那樣），半年後，地球轉到太陽前面，這片天區就暴露在地球眼前，光線不再受太陽影響了。這時候只要在夜間拍攝就行了，完全沒有問題。

實驗方法雖然不錯，可是由誰來做呢？愛因斯坦本人是個理論物理學家，他是不會去做的。好在對廣義相對論感興趣的科學家很多，英國物理學家愛丁頓（Arthur Eddington）就是其中之一。1919 年，愛丁頓說服了英國政府出資資助他組隊，在當年 5 月 29 日發生日全食時進行觀測。當時「一戰」剛剛結束，打得不可開交的英、德兩國還處於敵視狀態，好在大

家都知道愛因斯坦是堅決反戰的和平人士，而且愛丁頓一番頗有說服力的論辯打動了英國皇家天文學會：「如果愛因斯坦是對的，那麼這將是英國團隊證明的；如果他是錯的，那麼英國隊將證明一個德國科學家是錯的，而牛頓爵士才是對的。」

愛丁頓組織了兩個遠征隊，一隊到非洲幾內亞灣的普林西比島，由愛丁頓本人帶隊；另一隊到巴西北部的索布拉爾，由他的助手戴森（Frank Dyson）帶隊。雖然有兩隊人馬，但還是出了點狀況。日全食那天，普林西比正好下雨，根本看不見星空，愛丁頓都快急瘋了，幸虧在日食結束前刮來一陣風吹跑了烏雲，露出了勉強可見群星的星空，他們才趕緊拍了一些照片。巴西那邊倒是天氣晴朗，萬里無雲，戴森他們順利地拍下了日全食時的星空，但是洗照片時才發現，陽光把底片晒得太熱了，底片竟然變形了，差點就白忙一場。好在經過仔細修正，最終還是獲得了有用的數據。

1919 年 11 月，兩支觀測隊的結果分析出來了：普林西比的結果是 $1.60'' \pm 0.30''$，索布拉爾的結果是 $1.98'' \pm 0.12''$。這兩個結果都接近廣義相對論的預言值，遠離牛頓理論的預言值。11 月 6 日，愛丁頓宣布光線按照愛因斯坦廣義相對論所預言的方式發生偏折，引起了全世界的轟動。當有人問愛因斯坦有什麼感想時，他叼著菸斗悠然自得地說：「我從來沒想過會有別的結果。」

說實話，愛丁頓的觀測精準度並不高，所以後來幾乎每次發生日全食都有人去觀測，結果也都證實了廣義相對論的預言，但精準度還是不能讓科學家們滿意。

到了 1960 年代，人們發現了一種神祕的天體 —— 類星體。這種天體距離地球非常遙遠，但是它的輻射能力非常強大，其光度竟可達銀河系的

上千倍，因此透過無線電波干涉儀，可以對其位置進行精準度極高的定位。1974 年到 1975 年，天文學家們觀測了太陽對三個類星體光線的偏折，得到的結果是 1.761" ± 0.016"，以誤差小於 1% 的精準度驗證了廣義相對論的預言。1991 年，多家天文臺協同觀測，以萬分之一的精準度證實了廣義相對論的預言。

11.2　三大驗證之二：水星近日點進動

水星近日點進動是愛因斯坦提出的驗證廣義相對論的最重要的一個證據。

太陽系八大行星中，水星是最靠近太陽的一顆行星，它繞太陽運動的軌道是一個橢圓，太陽位於橢圓的一個焦點上。水星距離太陽最近的點叫近日點，按理說這個點應該是固定不動的，但實際情況並非如此，因為其他行星的引力會對水星軌道有一定影響，導致水星每次到達近日點都會比前一次多轉一點點，這就是水星近日點的進動（見圖 11-2）。

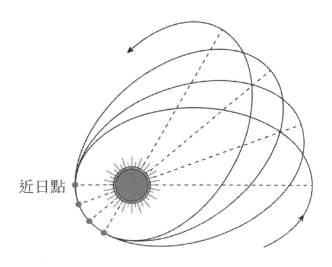

圖 11-2 水星近日點進動示意圖（圖中為了看得清楚對角度做了誇大）

　　水星近日點的進動值可以透過太陽系內各大行星對水星的影響，按萬有引力定律進行計算。西元 1859 年，法國天文學家勒維耶（Urbain Le Verrier）發現，水星近日點進動的觀測值比理論值每百年快 38″。他猜測可能在水星以內還有一個小行星，是這顆小行星影響了水星的軌道，可是人們始終未能找到這顆假想的小行星。後來天文學家們進行了更仔細的研究，把這個數值修正為 43″。根據觀測，水星近日點進動角度為每百年 5,600″，其中由水星自轉引起的歲差和由太陽系其他行星影響產生的攝動加起來是 5,557″，剩餘無法解釋的進動值為每百年 43″，而且其他幾顆行星也有類似的剩餘進動現象。

　　100 年才差 43″（0.012°），多麼小的角度變化啊，不得不佩服天文學家們的敬業程度。這個小小的差別竟然難倒了萬千天文學家，他們提出種種理論來解釋，卻沒有一個可靠。直到愛因斯坦年代，這依然是一個懸案。

　　1915 年 11 月 18 日，愛因斯坦向普魯士科學院提交了一篇論文──《用廣義相對論解釋水星近日點運動》，成功地解釋了困擾天文學家們幾十年的難題。愛因斯坦根據廣義相對論，把行星的繞日運動看成是它在太陽重力場（彎曲時空）中沿短程線的運動，他推導出一個計算公式，算出水星的剩餘進動正好為 43″/100 年。這個結果驚人的準確，成為廣義相對論最有力的一個證據。

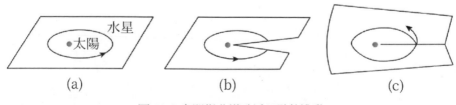

圖 11-3 空間彎曲導致近日點的進動

　　水星近日點為什麼會有多餘的進動，可以用圖 11-3 來模擬一下。如果在平直空間中，水星將沿圖 11-3（a）所示的橢圓運動。但按照廣義相對論，太陽周圍的空間像「碗」一樣彎曲了，要使平面變成一個近似碗狀的彎曲空間，必須切去一塊，如圖 11-3（b），然後把切口接合起來，如圖 11-3（c），這樣一來，在軌道的接合處就出現了一個交叉。當行星運動到此交叉點時，它將不再進入原來的軌道，而要越過原來的軌道向前了。

　　愛因斯坦用廣義相對論解釋了水星近日點的剩餘進動後，他興奮極了，這是他耗費了多年心血才建立的新理論的第一個成果，他忍不住寫信給希爾伯特、勞倫茲等朋友，信中說：「我的新理論算出了水星軌道近日點的進動值，我簡直高興極了，你們知道我有多高興嗎？我一連幾個星期都高興得不知怎樣才好。」

　　後來，人們又計算了金星、地球等行星以及一些小行星的剩餘進動值，都與廣義相對論符合得很好。近年來，關於 PSR1913 ＋ 16 脈衝雙星的近星點進動值觀測，也與廣義相對論相符，由於這個值比太陽系行星進動值大數萬倍，所以它更是對廣義相對論強有力的驗證。

11.3　三大驗證之三：重力紅移

　　愛因斯坦提出的第三個驗證廣義相對論的實驗是光譜線的重力紅移。1911 年，愛因斯坦在那篇《關於引力對光傳播的影響》中提出了這一效應。

　　根據「重力時間延緩」效應，在越強的重力場中時鐘走得越慢，因此從太陽或其他大質量星體表面發出的原子光譜線，與地球相比會向光譜的紅端移動，這就是譜線的重力紅移效應。

　　原子光譜是原子中的電子在能量變化時所發射或吸收的特定頻率的光波，每種原子都有自己的特徵光譜，它們是一條條離散的譜線（見圖11-4）。無論是發射光譜還是吸收光譜，譜線的位置都是一樣的。原子光譜對於元素來說，就像人的指紋一樣具有識別功能，不同元素具有不同的「指紋」。

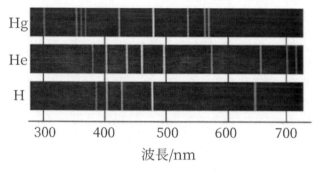

圖 11-4 原子的線狀光譜

　　原子光譜的每一條譜線都對應著確定的頻率。頻率是光波 1 秒內完成的週期性振動次數，因此光的頻率可以看作一種計時信號。每條光譜線都相當於原子內部特定的鐘，光譜線的頻率就反映了這個鐘的快慢。由於重力效應，在太陽表面上的鐘比地球慢，導致光波振動週期比地球慢，於是在地球看來，太陽光譜線的頻率減小、波長增大（波長和頻率的乘積是光速 c），光譜線就會向光譜的紅端移動，發生重力紅移（從圖 11-4 可見，紅光波長長，藍光波長短，所以波長增大叫紅移，波長減小叫藍移）。

　　根據廣義相對論計算，太陽上的原子光譜頻率由於重力紅移效應會比地球上的頻率減小 0.000 2%，對太陽光譜的分析證實了這一預言，誤差小於 5%。

　　為了更精確地驗證重力紅移效應，科學家們對地表不同高度的重力場效應進行了測量。1964 年，哈佛大學的研究人員把一個 γ 射線源放到

22.5 公尺高的塔上，在塔底安裝一個吸收器，由於 γ 射線的吸收過程嚴格地和頻率有關，所以可以測出 γ 射線由塔頂到達塔底時頻率的改變。儘管廣義相對論預言這一高度引起的重力紅移只有 0.000000000000492%，但實驗還是成功了，觀測值與理論值誤差小於 1%，精確地驗證了重力紅移效應。

11.4　雷達回波延遲

1964 年，美國科學家夏皮羅（Irwin Shapiro）提出一項新的廣義相對論驗證實驗 —— 雷達回波延遲。

利用雷達發射一束波長幾公分的電磁波，經其他行星（比如金星）反射回地球被接收。當來回的路徑遠離太陽時有一個返回時間；當來回路徑經過太陽近旁時，也有一個返回時間。經過太陽近旁時，由於太陽重力場造成光的傳播時間延長，所以雷達波的返回時間要比遠離太陽時有所延遲，這就是「雷達回波延遲」。

雷達波是電磁波，電磁波就是光，所以雷達波也是一種光，不過是頻率不同於可見光而已。為什麼光經過太陽附近傳播時間會延長呢？是不是光速變慢了呢？不是的。答案是這樣的：因為太陽會使空間扭曲，所以光在太陽附近走的距離變長了，傳播時間就會延長。

夏皮羅領導的小組先後對水星和金星進行了雷達回波延遲實驗。1968 年對水星測得的實驗值與理論值之比為 0.9±0.02；1971 年對金星測得的實驗值與理論值之比為 1.02±0.05。在金星回波測試中，整個運行時間約半個小時，最大延時約 200 微秒。實驗中遇到了很多困難，主要是回波信號太弱，雷達波從地面發出時功率達到 300 千瓦，可回波功率僅為 10^{-21} 瓦。再加上各種干擾，實驗精準度難以提高。後來在 1977 年，安德遜等

人透過水手VI號和VII號人造衛星進行了雷達回波延遲實驗，測得的實驗值與理論值之比為 1.00±0.04。可見，理論與實測符合得還是相當好的，這一實驗也有力地支持了廣義相對論。

11.5　重力時間延緩的應用：GPS 時間校正

重力場中的「重力時間延緩」實際上是時空彎曲在時間維度的反映。時空彎曲不但會使空間「彎曲」，而且有與之相連繫的時間「彎曲」，也就是說，重力場既會使空間發生畸變，也會使時間推移快慢改變。上一節中的重力紅移效應，實際上就是對重力時間延緩效應的驗證。

重力時間延緩在地球上的表現是非常小的，但用非常精密的原子鐘，還是能發現這微弱的效應。人們發現，兩臺位於地面不同高度的原子鐘的表觀走時率是不同的。海拔 1645.9 公尺的美國國家標準局和海拔 24.4 公尺的英國格林尼治天文臺各有一臺原子鐘，由於兩鐘存在高度差，每年讀數差竟達 5.6 微秒。而廣義相對論的計算結果是 5.56 微秒，符合得相當好。

其實，你可能沒想到的是，重力時間延緩效應已經應用在了我們的日常生活中，這就是衛星定位系統的時間校正。

全球定位系統是利用定位衛星在全球範圍內即時進行定位、導航的系統，是重要的空間訊息基礎設施。目前世界上廣泛使用的是美國的 GPS 全球定位系統。

GPS 系統空間設備由攜帶原子鐘的 24 顆人造衛星組成，它們分布在交錯在一起的 6 個軌道平面上，以近圓形軌道繞地球公轉。衛星高度約 20,000 公里，軌道週期約 12 小時，使得地面上任一點上空都能同時觀測到至少 4 顆衛星，GPS 導航儀透過比較從 4 顆衛星發來的時間信號差異，

就可計算出所在的位置（見圖 11-5）。顯然，GPS 系統要想實現精確定位，就要精確定時，哪怕小到 1 微秒的定時誤差，都會帶來 300 公尺的定位誤差，可謂失之毫釐，差之千里。因此，時鐘是 GPS 最關鍵的設備，需要有極高的準確度。衛星上雖然使用的都是原子鐘，但其表觀走時率卻會因為相對論效應而受到影響，如果不加校正，定位誤差就會相當大，以至於根本沒法實現定位與導航。

圖 11-5 用戶根據 4 顆衛星發來的信號差異進行定位。衛星所發信號中含有發射時刻以及該時刻的衛星位置等訊息，用戶根據這些數據就可計算出用戶自身的時空座標，從而實現定時和定位

為了校正衛星上的時鐘，使衛星時鐘和地球時鐘保持同步，需要同時考慮狹義相對論的高速時間延緩效應和廣義相對論的重力時間延緩效應。

地球上的時間以國際原子時間為標準，它由靜止於海平面的原子鐘給出。GPS 衛星以時速近 14,000 公里的速度繞地球飛行。根據狹義相對論，物體運動速度越快，時間就越慢，因此衛星鐘比地面鐘走得慢。用狹義相對論可以計算出，每天大約慢 7 微秒。

另外，根據廣義相對論，重力較強處的鐘較慢。GPS 衛星位於距離地面大約 20,000 公里的太空中，所受地球重力比地面鐘弱得多，所以衛星上的時鐘就走得比較快。用廣義相對論可以算出，每天快大約 45 微秒。

這樣，在同時考慮了狹義和廣義相對論效應後，GPS 衛星時鐘比地球時鐘每天快大約 38 微秒。這看起來似乎微不足道的 38 微秒如果不校正的話，系統將會每天累積大約 11 公里的定位誤差，這豈不是全打亂了？因此，衛星時鐘必須進行校正。在衛星發射前，要先把其時鐘的走時頻率調慢約 1000 億分之 44，相當於每秒慢 4.4×10^{-10} 秒，一天慢 38 公里。這樣，衛星上天後，一天又快了 38 公里，兩相抵消，就正好跟地面鐘同步了。

GPS 的定位精度可達 10 公尺以內，說明了相對論時間校準的可靠性，這也同時證明了狹義相對論和廣義相對論的正確性。

11.6　宇宙之戒：愛因斯坦環

1936 年，愛因斯坦又發現了一個光線彎曲造成的天文學奇觀 —— 重力透鏡效應（Gravitational lensing）。

愛因斯坦在一篇論文中指出，如果兩顆離地球遠近不同的恆星在星圖上完全重合，即兩顆恆星與地球在一條直線上，那麼遠星會被近星遮住，遠星發出的光線會被近星重力場彎曲，然後從近星四周匯聚到地球，那麼在地面觀察到的遠星虛像就會形成一個圍繞在近星周圍的環，這就是所謂的「愛因斯坦環」（Einstein ring）。由於近星的重力場造成的作用與凸透鏡類似，所以稱其為「重力透鏡」。但是愛因斯坦同時又指出，重力透鏡的聚焦效果沒那麼強，想讓光線匯聚到地球看起來是不可能的，他說：「當然，這個現象是沒有希望直接觀察到的。」

讓愛因斯坦沒想到的是，現在人們竟然真的觀察到了這種現象。天文學家們意識到，如果以星系或者黑洞作為透鏡，則存在觀測到愛因斯坦環的可能性。經過不懈的探索，在愛因斯坦離世 20 多年後，人們終於在大熊座中首次發現了重力透鏡系統，此後又發現了幾十個這類系統。至今所

發現的比較明顯的重力透鏡系統都是由類星體與星系（或黑洞）排列在一條直線上引起的，如圖 11-6 所示。

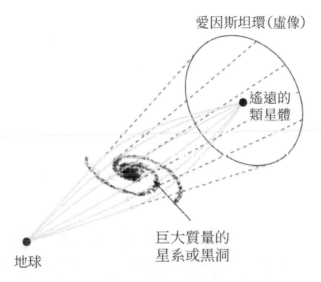

圖 11-6 重力透鏡效應的原理圖

「類星體」這個名字的意思是「類似恆星的天體」，因為人們當初發現這種天體的時候從天文照片上看感覺它有點像恆星，但又發現它的性質和恆星有很大不同，於是起了這麼個似是而非的名字。據推測類星體的直徑是太陽的幾千倍到幾千萬倍不等，而它的輻射功率竟可達太陽的 10^{10} ～ 10^{15} 倍。換句話說，它的光芒相當於上百億到上千萬億個太陽！而且有的類星體的輻射功率可以在一天之內增加一倍！類星體如此巨大的能量到底從何而來，至今仍是個謎。

要想觀測到愛因斯坦環，地球、前景星系（Foregroundgalaxy，重力透鏡體）和背景星之間的相對位置很重要，三者之間的距離要合適。要想讓背景星的星光被前景星系彎曲後匯聚到地球上，需要三者之間的距離非常遙遠才行，可能要達到幾十億到上百億光年。而光源的視亮度與其距離的

169

平方成反比，距離越遠，我們看到的光源亮度就越小，只有具有超強發光能力的類星體才不怕這遙遠的距離，所以它才能成為觀測愛因斯坦環的最適宜的背景星。

　　2015 年，天文學家們利用位於智利的阿塔卡瑪大型毫米 / 次毫米陣列望遠鏡（Atacama Large Millimeter/submillimeter Array, ALMA），發現了一個被命名為 SDP.81 的重力透鏡系統。這個系統的背景星距離地球足足有 114 億光年，前景星系距離我們大約 40 億光年。據估計，前景星系中可能有一個質量大於 3 億個太陽的大黑洞，這臺威力超強的重力透鏡，使背景星的像幾乎形成一個標準的愛因斯坦環（見圖 11-7）。它就像宇宙中一枚漂亮的戒指，印證了愛因斯坦的神奇預言。

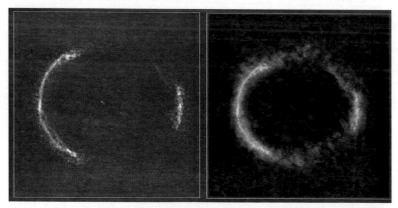

圖 11-7 ALMA 陣列望遠鏡拍到的愛因斯坦環（右圖經過了著色渲染處理）

11.7　時空的顫抖：重力波

　　廣義相對論還有一個預言是重力波的存在。經典理論是沒有重力波的概念的，因為牛頓的萬有引力是一種不需要傳播時間的「超距作用」。而在廣義相對論中，重力場的傳播是有速度的，那就是光速 c。愛因斯坦很快就弄清楚了這一點，並於 1916 年在普魯士科學院會議上提出了重力波

的概念，但當時論述不夠明晰且存在計算錯誤，所以他又於 1918 年專門寫了一篇論文《論重力波》，重新討論了重力波的性質。

關於什麼是重力波，我們可以用熟悉的電磁波來類比。我們知道，電磁場在空間中的傳播形成了電磁波；同理，重力場的傳播也會形成重力波。電磁波的產生是由電荷的加速運動導致的，電荷無論具有直線加速度，還是向心加速度，都會產生電磁波；同理，作加速運動的有質量物體也向外輻射重力波。在相對論中，重力場和彎曲時空是同義語。作為重力源的物質如果有加速運動，將使周圍的重力場發生變化，即時空彎曲情況發生變化，這種變化並非一瞬間就能在整個時空中發生，而是以光速從變化中心向四面八方傳播，這就是重力波。也就是說，重力波隨著時空自身的波動而傳播。

重力波與電磁波既有相似之處，又有不同之處。電磁波是由交變的電場和磁場組合而成，重力波也是一種交變的場，但這種場是時間和空間曲率的起伏，代表著時間和空間的形變。重力波與電磁波都是橫波，即波的振動方向與傳播方向垂直，但是，電磁波是矢量波，而重力波是張量波。矢量波和張量波都是專業術語，我們無須深究，只要透過圖 11-8 就能觀察到它們的不同。從圖中可以看到，電磁波中的電場和磁場方向是固定的，而在重力波中，交變場的方向隨著波的前進在連續地變化著，看起來像一個電鑽的鑽頭，是一種螺旋狀的波，具有極強的穿透力。

電磁波中的電場和磁場方向是固定的，而在重力波中，當波沿著 z 軸方向傳播時，沿 x 和 y 方向的振盪在連續變化。

重力波代表的是時空的振動，要知道，時空的堅硬程度是超乎想像的（見 10.8 節），所以其振動也是相當微弱的。愛因斯坦在證明重力波存在的同時，也提出了一個用旋轉棒產生重力波的方案，但計算結果顯示，這

個方案產生的重力波微弱到根本無法測量！對於一根長度為 20 公尺、直徑 1.6 公尺、質量為 500 公噸的圓棒，令其以最大的可能速度沿軸線作高速旋轉，但即使轉速達到使它即將斷裂的程度，產生的重力波功率也僅有 2.2×10^{-19} 瓦。這個功率實在小得可憐，假設一隻螞蟻沿著牆向上爬行，其所用的功率都能達到 10^{-7} 瓦。重力波如此微弱，以至於愛因斯坦曾認為重力波可能永遠都不會被探測到，他甚至兩次宣稱重力波不存在，然後又兩次改變自己的想法。

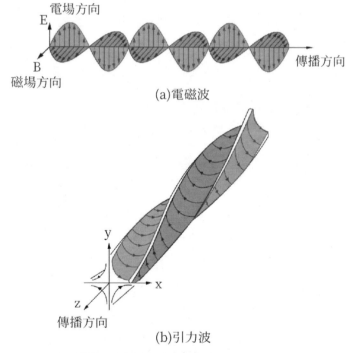

圖 11-8 電磁波與重力波的傳播示意圖

雖然從理論上講，各種天體運動都會產生重力波，但這些重力波強度一般都很微弱，比如木星繞日公轉產生的重力波功率僅有約 5 千瓦，根本不可能探測到。隨著時間的推移，科學家們對天體活動了解得越來越豐

富，他們意識到，某些天體的激烈活動會產生極強的重力波，比如超新星爆發、雙脈衝星體系的運動、黑洞的碰撞以及雙中子星合併等，這些強烈的重力波信號是有可能被探測到的。

2015 年 9 月 14 日，在愛因斯坦建立廣義相對論正好 100 年之後，人類幸運地第一次捕捉到了重力波信號。由兩個黑洞合併產生的一個時間極短的重力波信號，經過 13 億年的漫長旅行抵達地球，被美國雷射干涉重力波天文臺（Laser Interferometer Gravitational-Wave Observatory，縮寫為 LIGO）分別在路易斯安那州與華盛頓州建造的兩個重力波探測器（兩地相距約 3,000 公里）以 7 毫秒的時間差先後被捕捉到。據研究人員預估，兩個黑洞合併前的質量分別相當於 36 個和 29 個太陽質量，合併後的總質量是 62 個太陽質量，損失的 3 個太陽質量的能量以重力波的形式在不到 1 秒的時間內被釋放出去。我們可以根據 $E = mc^2$ 算一算，這個能量比宇宙中所有恆星 1 秒內輻射出的能量還高好幾百倍，如此劇烈的爆炸，難怪連時空都要為之「顫抖」！

但是，時空不會沒完沒了地顫抖，黑洞合併只讓爆炸中心的時空劇烈抖動了一下，然後這一下抖動以光速從爆炸中心向整個宇宙傳播。就像你往湖裡丟了一塊石頭，儘管落石處早已恢復平靜，但它激起的漣漪還在水面上向外傳播。雖然重力波穿透性很強，但經過 13 億年傳到我們這裡，信號還是會衰減太多，而且不到 1 秒就過去了，因此，想捕捉到這個信號並非易事。

那麼這個信號是如何被捕捉到的呢？我們知道，重力波會使時空產生波動，當重力波經過時，空間會發生變形。在一個固定長度的真空空間裡，如果空間被拉長，那麼光走過這段路程所用的時間就會變長；如果空間被壓縮，光走過這段路程所用的時間就會變短。重力波探測器有兩條

相互垂直的分別長達 4 公里的真空空間（見圖 11-9），一束雷射被一分為二，分別進入兩條空間內，然後被終端的鏡面反射回出發點，當重力波經過時，一條空間長度被拉伸，另一條被壓縮，於是這兩條空間內的雷射會產生光程差，在分光器處匯合後會發生輕微的干涉，從而可以探測到重力波。雖然當時空間的變形只有質子直徑的千分之一大小，但還是被靈敏度高得驚人的探測儀捕捉到了。

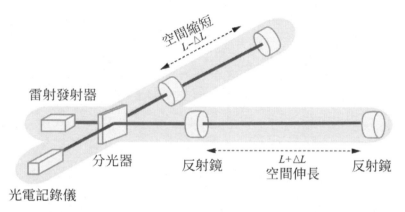

圖 11-9 LIGO 重力波探測器基本原理示意圖。反射鏡被磨成精度達一億分之一英尺的完美球面鏡，雷射射入後在其中來回反射 100 次才射出，這樣可使 4 公里的臂長等效成 400 公里的距離，鏡子被連接在鐘擺系統上來消除微小的地質抖動以保持穩定

　　在短短兩年之內，人類已經捕捉到了四次黑洞合併產生的重力波信號。更讓人們驚喜的是，2017 年 8 月 17 日，又探測到第五次重力波信號，這次和前四次都不一樣，它來自兩顆中子星的合併。這兩顆中子星的質量分別為太陽質量的 1.1 倍和 1.6 倍，距離地球大約 1.3 億光年。在合併前約 100 秒時，它們相距 400 公里，每秒鐘互相繞轉 12 圈，然後越轉越近，直至最終碰撞在一起形成新的天體，並發出強烈的電磁波。由於距離地球比較近，且雙星互相繞轉產生的重力波極強，所以這次探測到的重力波信號持續時間長達 100 秒，LIGO 的兩臺探測器和歐洲的「室女座」重力波探測器都接收到了這個信號。同時，全球幾十家天文臺同步探測到了雙星

碰撞產生的電磁波信號。

　　在此次觀測中，科學家同時捕獲了重力波信號和電磁波信號。用天文學家的話來說，此前四次的重力波信號都是「只聞其聲，不見其人」，而這一次，可謂「既聞其聲，又見其人」。重力波和電磁波攜帶著不同類型的訊息，這有助於科學家們從不同角度研究天體的性質，並檢驗宇宙的基本規律。

　　重力波的發現又一次印證了廣義相對論的預言，同時也意味著人類又找到一種可以用來探索宇宙更多祕密的新方法，開創了宇宙研究的全新時代。

12　愛因斯坦的宇宙

　　自古以來，宇宙就是人類永恆的話題。成書於戰國時期的《尸子》中寫道：「四方上下日宇，往古來今日宙。」這個對於宇宙的解釋可謂相當深刻，我們今天所說的宇宙指的就是時空以及其中包含的所有物質。

　　就像孩子總是愛問媽媽他是怎麼來到這個世界上一樣，人類總是希望知道宇宙從何處來，到何處去，對宇宙的探索就是人類對自身的終極探索。可是宇宙如此浩渺，我們該如何研究它呢？愛因斯坦的廣義相對論大顯身手的機會來了。

12.1　愛因斯坦的大膽假設：有限無界的宇宙

　　愛因斯坦顯然很清楚，廣大的宇宙正是自己心愛的廣義相對論的用武之地，所以在廣義相對論初創不久，他就開始考慮求解宇宙的重力場方程式，投入到構建宇宙模型的研究當中。1917 年，他的研究成果出來了——《根據廣義相對論對宇宙學所作的考察》。這篇論文為現代宇宙學奠定了理論基礎。

　　在此以前，人們對於宇宙的傳統觀點是建立在牛頓力學基礎之上的無限時空模型。無邊無際的宇宙讓人們充滿幻想，卻也帶來一些似乎無法解釋的悖論，其中最著名的就是所謂的奧伯斯謬論（Olbers' Paradox）。西元 1826 年，奧伯斯提出了一個看似很簡單的問題：「黑夜為什麼是黑的？」

　　這個問題六歲的孩子都能答上來：「因為太陽下山了。」可是，奧伯斯卻說，不，我們的太陽是下山了，但天空中還有無數個「太陽」在照耀著地球。如果宇宙是無邊無際的話，全宇宙中就有無數顆恆星，每一顆恆星發出的光線都會射向地球。即使恆星照到地球上的光與其距離的平方成反比，奧伯斯也能算出來，地球上接收的光線趨於無窮，黑夜會和白天一樣亮。

　　面對這種困境，愛因斯坦提出一個大膽的設想：宇宙空間是有限無界的，體積有限但沒有邊界。

　　對於平直時空，這是無法想像的情形，但愛因斯坦是研究彎曲時空的高手，自然有他獨到的見解。他建議人們從二維球面去思考。一個籃球的表面，或者說地球的表面，都是二維球面，它們的面積是有限的，但是，這個二維球面卻既不存在中心，也不存在邊界，這就是一個有限無界的二維空間。有限無界的三維空間與之類似，可以稱之為三維超球面，這個圖像雖然很難想像，但黎曼幾何卻對此早有研究，愛因斯坦自然是十分熟悉，他在《狹義與廣義相對論淺說》中寫道：

　　「對於這個二維球面宇宙，我們有一個類似的三維比擬，這就是黎曼發現的三維球面空間。它的點同樣也都是等效的……不難看出，這個三維球面空間與二維球面十分相似。這個球面空間是有限的（亦即體積是有限的），同時又是無界的。」

　　按照這種宇宙模型，如果有人要尋找宇宙的邊緣，那是永遠也找不到的，因為宇宙空間是一個封閉的三維球面，雖然體積有限，但不存在邊緣，假如你能搭著太空船沿著你在三維空間中感覺到的直線在宇宙中一直走下去，那麼你最後還會回到出發點。就像二維球面世界裡的人沿直線一直走最後會回到起點一樣，他認為他一直在向前，實際上三維空間的觀察者會看到他繞了一個大圈子。同理，你在宇宙中沿著你認為的直線方向一直向前，實際上四維空間的觀察者會發現你正在三維空間裡繞一個大圈子。但是，三維空間裡的大圈子是什麼樣的，只能感知三維的人類是無法想像的，就像二維球面裡的人只有跳到三維才能看到他的二維閉合球面一樣，我們只有站在四維空間裡才能看清三維閉合球面的結構，這是不可能辦到的。

12.2　愛因斯坦的大膽假設：宇宙學常數

愛因斯坦做出宇宙是有限無界的假設，並不單單是為了解釋奧伯斯謬論，他更重要的目的，是要找到求解宇宙重力場方程式的邊界條件。

回顧一下式（10-8）所表示的重力場方程式，這是一個包含 10 個方程式 10 個未知數的龐大方程組，要想求解需要找一些初始條件和邊界條件。「初始條件」是指宇宙最初的情況是什麼樣的；「邊界條件」是指宇宙的邊界情況是什麼樣的。

說實話，誰知道這兩個條件是什麼呢？只能假設了。所以愛因斯坦有限無界的假設就是針對「邊界條件」提出來的。既然有限無界，那宇宙的「邊界條件」就是：沒有邊界！

好了，邊界條件解決了，還需要解決初始條件。初始條件也好辦，愛因斯坦又假設，在宇觀尺度上看宇宙是靜態的，過去、現在和未來都一樣，初始的質量密度和現在的質量密度完全一樣，於是「初始條件」也解決了。

看到這裡，你可能有疑問了：不對啊，我們都知道恆星和星系在不斷演化，有老恆星的衰亡，也有新恆星的誕生，有老星系的解體，也有新星系的形成……宇宙怎麼可能一成不變呢？愛因斯坦這個假設是不是不太可靠啊？

沒錯，從局部看，宇宙的各個部分在不斷變化，但愛因斯坦看的是宇宙整體，他的目光掃過的是超過 1 億光年的尺度，這個尺度叫宇觀尺度。他認為，在宇觀尺度上，宇宙中的物質分布是不變的。這裡所說的物質分布，指的是星系團數目的密度分布，從這個角度來看，可認為宇宙具有均勻質量密度。在 1917 年，科學家們對宇宙的觀測還不足以證明這條假設，所以愛因斯坦猜測的成分更多一些。好在後來的觀測顯示，在宇觀尺度上，愛因斯坦的假設是基本成立的，因此，人們將這條假設稱為「宇宙

學原理」。

從這條原理不難看出愛因斯坦頭腦中的宇宙圖像：在宇觀尺度上，我們的宇宙是靜態的，不隨時間變化，物質永遠均勻地分布著。

現在，初始條件和邊界條件都解決了，愛因斯坦開始全力以赴去求解宇宙的重力場方程式。但是，新的問題出現了，如果宇宙中只存在萬有引力作用，物質間互相吸引，宇宙就很難達到力學平衡，無法保持靜態，沒法求解。這可怎麼辦呢？愛因斯坦的大腦又開動了：排斥力和吸引力不是剛好能抵消嘛，那好了，我在重力場方程式中加一個抵消重力的「排斥項」，問題不就解決了嗎？

說幹就幹，愛因斯坦把重力場方程式改造成如下形式：

$$R_{\mu\nu} - \frac{1}{2} g_{\mu\nu}R + \Lambda g_{\mu\nu} = \frac{8\pi G}{c^4} T_{\mu\nu} \qquad (12\text{-}1)$$

方程式左邊第三項，便是愛因斯坦引入的「排斥項」，後稱為「宇宙項」，其中的比例係數 Λ 被人們稱為「宇宙學常數」。愛因斯坦假設這個常數很小，在銀河系尺度範圍都可忽略不計，只在宇觀尺度下才有意義。

有了宇宙項，愛因斯坦終於求解出了一個靜態、各向均勻同性、有限無界的宇宙模型。這是人類歷史上第一個現代宇宙學模型。

12.3　愛因斯坦的「最大錯誤」

1922 年，愛因斯坦注意到德國知名物理雜誌《物理學學報》上出現了一篇討論宇宙模型的論文，這篇論文是蘇聯宇宙學家傅里德曼（Alexander Friedmann）寫的，他從愛因斯坦的重力場方程式出發，求解出了三種新的宇宙模型，這些模型都是動態宇宙模型，有兩種不斷膨脹，有一種先膨脹再收縮，就是沒有靜態的模型。愛因斯坦一看，這篇論文跟他的靜態宇宙

背道而馳，這還了得？於是抓緊時間寫了一篇評論，對傅里德曼模型提出尖銳的批評，說這個模型有計算錯誤，並將這篇評論同樣發表在《物理學學報》上。

　　傅里德曼嘔心瀝血才得到的科學研究成果，竟然受到學界權威愛因斯坦的嚴厲批評，當他看到愛因斯坦的評論後，感覺宛如當頭一盆涼水，連心都澆得冷冰冰的。他趕緊提筆給愛因斯坦寫了一封信，詳細解釋了他的計算過程。當時愛因斯坦正在進行世界巡迴演講，直到 1923 年 5 月返回柏林時才讀到傅里德曼的信。愛因斯坦仔細看了這封信後意識到自己的批評確實錯了，於是又在《物理學學報》上發表了一篇短文，收回了自己的批評，承認傅里德曼結果在數學推導上的正確性。但愛因斯坦內心還是不接受膨脹宇宙的，認為它沒有物理意義。

　　傅里德曼得知愛因斯坦發表的第二篇評論後非常高興，很想和愛因斯坦會會面，當面交流。他 1923 年秋去過柏林，但因愛因斯坦外出未能會面。1924 年，他又發表了一篇論述無限宇宙可能性的論文。不幸的是，1925 年，傅里德曼英年早逝，年僅 37 歲。此生未能與愛因斯坦謀面，也許是他最大的遺憾。

　　到了 1927 年，比利時天文學家勒梅特（Georges Lemaitre）也求解出了動態的宇宙模型，結果和傅里德曼模型類似。當時他並不知道傅里德曼已經在五年前進行了這一工作。愛因斯坦在 1927 年與勒梅特會過面，他對勒梅特說膨脹宇宙的想法是「令人厭惡的」。

　　與此同時，美國天文學家哈伯（Edwin Powell Hubble）正在對星系光譜的紅移規律進行研究。當時已經知道，如果光源離我們而去，我們接收到的光波波長會往紅光方向移動，稱之為紅移；反之，如果光源朝我們而來，我們接收到的波長會往藍光方向移動，稱之為藍移。哈伯發現所有星

系的光譜都在紅移，由此得出結論：其他星系都在離我們遠去。經過大量觀測與計算，哈伯發現離我們越遠的星系離我們遠去的速度越快，1929年，他總結出一個規律：星系的退行速度與它和我們的距離成正比。這一規律後來被稱為哈伯定律。

哈伯定律發表後，立刻轟動了天文學界，被評價為 20 世紀最偉大的天文學發現。哈伯定律表明，我們的宇宙正在膨脹，宇宙是動態的，而不是靜態的！在事實面前，愛因斯坦再也沒法堅持他的靜態宇宙觀點了。1931 年，愛因斯坦公開表態承認了自己的錯誤，宣布放棄靜態宇宙模型，接受膨脹宇宙的觀點。

傅里德曼是用帶宇宙項的重力場方程式求解宇宙模型的，但他的模型中有一種宇宙學常數為零時的情況，也就是說，即使不需要宇宙項，也能得出膨脹宇宙模型。基於此，愛因斯坦認為他當初引入宇宙項是錯誤的，建議大家刪除重力場方程式中的宇宙項。他曾在一次談話中表示：「引進宇宙項可能是我一生中所犯的最大錯誤！」

儘管愛因斯坦做出了這樣的表態，但大家並沒有聽他的，畢竟，引入宇宙項可以使人們在更多可能的情形下來驗證宇宙，從而也有更多選擇的餘地。

12.4 膨脹宇宙模型

在傅里德曼的宇宙模型中，物質分布在宇觀尺度上也是均勻的，空間也具有三維超球面這一特徵（有限無界）。然後根據宇宙學常數取值範圍的不同，他得到了以下三種情形的解。

第一種情形下，宇宙在 $t = 0$ 時刻從一個半徑為零的奇異點開始膨脹，膨脹速率最初會逐漸下降，也就是減速膨脹，但是在某一時刻以後，

膨脹速率會出現一個轉折點，這時候，宇宙會從減速膨脹變為加速膨脹。傅里德曼稱這種圖像為第一類單調演化的世界。（圖 12-1 中的曲線Ⅰ）

　　第二種情形下，宇宙在 $t = 0$ 時刻從一個非零半徑狀態開始膨脹，隨後一直加速膨脹下去。這種圖像叫第二類單調演化的世界。（圖 12-1 中的曲線Ⅱ）

　　第三種情形下，宇宙在 $t = 0$ 時刻從一個奇異點開始以遞減的速率膨脹，膨脹到一個極限值以後宇宙開始收縮，最後重新收縮到一個奇異點，以大坍縮的方式結束自己的壽命，然後，新一輪宇宙大爆炸又重新開始。傅里德曼預計宇宙的壽命為 10^{10} 年。這種情形下允許宇宙多次誕生和死亡，就像一次次輪迴，所以他把這種圖像稱為週期性演化的世界（圖 12-1 中的曲線Ⅲ）。

　　此外，傅里德曼還指出了週期性世界的一種特殊的極限情形。在這種情形下，週期世界的膨脹週期無限長，雖然膨脹越來越慢，但永遠不會收縮，這種情況下宇宙逐漸接近愛因斯坦的靜態宇宙（圖 12-1 中的曲線Ⅳ）。

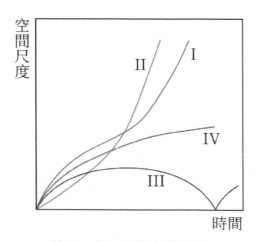

圖 12-1 宇宙膨脹的各種可能性

那麼，這麼多種可能性，我們的宇宙到底屬於哪一種呢？最早的時候，人們偏愛的是第三種情形——週期性世界（曲線III），輪迴是人們比較容易接受的理念。後來，人們又認為也許宇宙符合那種特殊的極限情形，就是膨脹速率會逐漸降低並趨於零，但卻不會坍縮（曲線IV）。人們偏愛這個模型，是因為這種情況下不需要宇宙項的存在。

但是，到了 1998 年，新情況出現了。越來越多的天文觀測顯示，宇宙不但在膨脹，而且在加速膨脹，這就意味著宇宙學常數可能確實存在。但是到底屬於第一和第二哪一種情形還是無法判斷。

到了 2004 年，人們透過研究宇宙中的超高紅移超新星，發現傅里德曼的第一種模型也許更符合我們宇宙實際的預測（曲線I）！研究顯示，我們的宇宙在誕生 56 億年內是減速膨脹的，但是到了 56 億年以後，突然開始加速膨脹，現在已經到了 138 億年，處於加速膨脹階段，而且，宇宙可能會永遠加速膨脹下去。

12.5　宇宙是如何膨脹的？

現代宇宙學中，星系層次的天體是大尺度宇宙的結構細胞。1990 年代，天文學家們分析稱宇宙中存在約 2,000 億個星系。但是到了 2016 年，一些天文學家基於哈伯太空望遠鏡的深空圖像的最新研究顯示，宇宙中星系數量很可能達到 2 萬億個，是以前估計的 10 倍！將來這個數字是否還會變化，我們不得而知，總之，我們眼中無比龐大的銀河系，其實只是這兩萬億個星系中的普通一員。

星系的結構細胞則是恆星層次的天體，每個星系是由上千億顆恆星組成的龐大天體系統，各個星系的質量密度（總質量／體積）大致是相等的。儘管星系的體積龐大，但在宇觀尺度上，星系仍顯得很小很小，以至

於可把它們近似當成質點看待，如果把一個星系用一個質點來代替，全部「星系質點」便大致形成分布均勻、各向同性的宇宙。

哈伯定律發現以來，人們所能觀測到的星系，除了幾個離銀河系最近的星系由於太陽系繞銀河系的運動抵消了其退行外，其他星系都在飛快地遠離我們而去，距離越遠的星系退行速度越快，星系間的距離在不斷變大！

我們與其他星系的遠離是由於宇宙空間在膨脹，而並非由於星系自身的運動。這一點已經透過光譜紅移的研究得到了證實。距離我們幾十億光年遠的星系，其退行速度高達 10^5 km/s（光速的 1/3），星系自身是根本不可能具有如此速度的，只有空間的膨脹才能導致星系以如此驚人的速度相互遠離。

你可能會問，為什麼所有星系都離我們遠去呢？難道我們處於宇宙的中心嗎？

事實上，宇宙並不存在中心，在膨脹的宇宙中，所有星系都在相互退行。在任何一個星系中觀測，都能看到其他星系在離它遠去。宇宙膨脹絕不是一個像炸彈爆炸似的有一個中心爆炸點的過程，它是一個三維空間本身的膨脹過程，你只有站在四維空間中才能完整地觀察到三維空間的膨脹，這對我們來說是很難直觀想像的，只能以類比的方式用二維空間的膨脹來作個說明。

下面我們從三維空間中觀察一個二維空間的膨脹，這個二維空間是一個正在膨脹著的氣球表面，宇宙中的星系就像點綴在氣球表面上的一些點，如圖 12-2（a）所示。氣球膨脹時，其表面不存在膨脹的中心，從任何一點來看，其他點都在遠離，兩個點遠離對方的速度與它們之間的距離成正比，如圖 12-2（b）所示。要知道，並不是這些點在運動，而是這個二維空間在膨脹，所以空間各點相互遠離，這些點的空間相對位置並沒有變化。

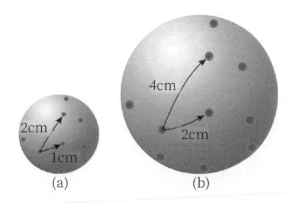

圖 12-2 當氣球膨脹時，表面各點相互遠離，不存在膨脹中心

　　需要注意的是，在吹氣球時，隨著氣球表面變大，球面上的點的大小也在變大。但是在實際的宇宙膨脹過程中，星系的大小是幾乎不變的，只有空間在膨脹。類比成氣球表面的話，就是說圖 12-2（b）中的圓點應該和圖 12-2（a）中的一樣大。

　　為什麼呢？可以舉個例子來說明。比如，當你在夜間熟睡時，宇宙中的一切都比原來的大了 100 倍。這裡所說的「一切」是指真正的一切：電子、原子、光的波長、尺、你自己、地球、太陽等。當你醒來的時候，你能說出周圍發生了什麼變化嗎？能進行可以證明你變大或者是變小了的實驗嗎？不能！實際上，對你來說，宇宙還和原來一樣。所有東西都按比例變大了，則意味著你無法測量出這種變化。

　　那為什麼我們沒有隨著空間膨脹呢？之所以這樣，可能是因為萬有引力維持了星系內天體的穩定。在宇宙大尺度上，星系之間離得很遠很遠，宇宙空空蕩蕩，所以空間的膨脹作用超過了星系之間的萬有引力，星系會相互遠離；但是在星系內部，物質聚集程度很大，各種天體被萬有引力牢牢地束縛在一起，空間膨脹的「張力」不足以超過萬有引力，因此我們沒有隨著空間膨脹。

　　還有一個與空間膨脹相關的有趣數據，那就是我們能看到宇宙的最遠距離。研究顯示，雖然宇宙的年齡約為 138 億年，但宇宙的可觀測距離竟高達約 460 億光年。為什麼呢？原來 138 億年前的光在向前傳播的過程中，空間是不斷膨脹的，發光體在隨著空間不斷地後退，所以當我們看到這些光的時候，原來的發光體已經距離我們差不多 460 億光年了。

12.6　宇宙大爆炸

　　宇宙的起源一直是人們最關心的問題，早在我國春秋時期，老子就在《道德經》中提出：「無，名天地之始；有，名萬物之母。」、「天下萬物生於有，有生於無。」這種樸素的「無中生有」的哲學思想，竟和現在的宇宙起源理論不謀而合。

　　1932 年，勒梅特從宇宙膨脹的結論逆向思考，首次提出宇宙大爆炸的假設。1948 年，移居美國的俄國物理學家伽莫夫（George Gamow）在勒梅特的基礎上正式提出宇宙大爆炸理論。如果我們把時間倒推回去，宇宙應該不斷收縮、收縮……直到變成一個體積無窮小、密度和溫度趨於無限大的點 —— 奇異點。於是就可以推斷：宇宙是由一個無限緻密熾熱的「奇異點」於一百多億年前的一次大爆炸後膨脹形成的。

　　大爆炸中所謂的「爆炸」並非我們日常生活中見到的爆炸，事實上應該理解為時空從奇異點中誕生然後急遽膨脹。還有人刨根問底：奇異點外面又是什麼？這也許是最難回答的問題了，我們只能說時空以無限彎曲的狀態捲曲在奇異點中，奇異點外（「外」這個概念都沒法定義）沒有時空，至少沒有我們的時空。對於這個問題，霍金在《時間簡史》中是這樣回答的：

　　「如果在此時刻之前有過一些事件，它們將不可能影響現在所發生的

一切。因為它們沒有任何可觀測的後果，所以不必理睬它們。由於更早的時間根本沒有定義，所以在這個意義上，人們可以說，時間在大爆炸時有一開端。」

　　伽莫夫在 1948 年有一個驚人的預言：宇宙演化過程中殘留下來的電磁輻射（以光子的形式）在宇宙中自由傳播，成為大爆炸的「遺蹟」殘存至今，但是其溫度已降低到只比絕對零度高幾度，這就是所謂的「宇宙背景輻射」（Cosmic Microwave Background Radiation）。1965 年，天文學家們在微波波段上探測到了宇宙背景輻射，溫度大約比絕對零度（-273.15℃）高 3℃，驗證了伽莫夫的預言。隨後，在更多的波段內驗證了背景輻射的存在，從而為大爆炸模型提供了令人信服的證據。圖 12-3 所示為歐洲太空總署根據「普朗克」太空探測器傳回的數據繪製的宇宙背景輻射圖。

　　根據大爆炸理論，宇宙誕生於一個溫度無限大的奇異點，在極早的嬰兒期宇宙中充斥著由微觀粒子構成的輻射流體，溫度極高且密度極大。隨著宇宙的膨脹，其中物質和輻射的溫度逐漸下降。大爆炸後 1 秒，宇宙溫度下降到約 100 億℃，3 分鐘後下降到約 10 億℃，38 萬年時降至三、四千攝氏度（這時候，原子開始形成，宇宙終於從一團熾熱粒子糊的混沌狀態開始變得透明），到現在已經僅剩約 -270℃了（微波背景輻射），而且宇宙還將繼續膨脹並繼續冷卻下去。

　　有一個很有意思的現象，在全世界各民族的創世神話中，唯有盤古開天地與現代宇宙大爆炸理論有相似之處。我們的祖先當然不懂什麼科學理論，但盤古開天地的神話中既包含了宇宙膨脹的思想（天日高一丈，地日厚一丈），也包含了宇宙從稠密的混沌狀態變化到物質聚集與空間透明的狀態的思想（陽清為天，陰濁為地），我們祖先的想像力實在讓人佩服。

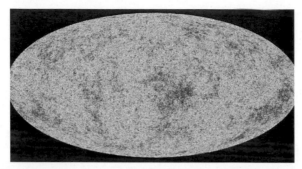

圖 12-3 宇宙背景輻射全景圖，反映了宇宙誕生 38 萬年後的景象，不同顏色代表不同的溫度，整體溫差幅度僅僅為 0.0002 K，反映了在宇觀尺度上宇宙的近似均勻性

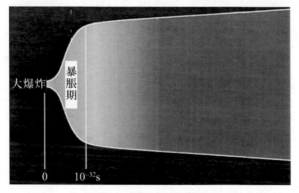

圖 12-4 暴脹宇宙模型

　　到 1980 年代初，科學家們對大爆炸理論進行了修正，提出了暴脹宇宙模型。暴脹理論認為宇宙初期曾經發生過膨脹速度高到無法想像的超急遽膨脹（見圖 12-4）。就宇宙膨脹來說，這一插曲極其短暫，暴脹僅僅從大爆炸開始後 10^{-36} 秒持續到 10^{-32} 秒，但是暴脹卻使宇宙從比原子還小的體積擴張到了直徑約 10 公分的球體。從某種意義上說，暴脹的速度超過了光速，因為要想透過 10 公分的空間，光需要 3.3×10^{-10} 秒的時間。不過暴脹是空間自身的膨脹，並非某種物體在以超光速運動，所以這是可能的。

　　至此，大爆炸理論已經比較完善了，但是，還剩下一個最讓物理學家們頭痛的問題 —— 宇宙誕生時的「奇異點」問題。因為奇異點體積為

零，所以出現了物理上所不期望的無限大量 —— 無限大密度、溫度 [07]、壓強、時空曲率等。大爆炸奇異點處，一切科學定律都失效了，從而導致宇宙學的最大疑難：奇性疑難。

這個煩人的「奇異點」讓科學家們苦惱不已，更令人苦惱的是，霍金證明，在廣義相對論框架下，宇宙大爆炸必須開始於一個奇異點，想躲都躲不掉。不過，解鈴還須繫鈴人，霍金後來又提出了解決「奇性疑難」的辦法：在極小的時空區域，僅僅考慮廣義相對論是不夠的，還必須考慮量子效應。如果考慮了量子效應，奇性就會消失。

1982 年，霍金等人提出了將量子力學和廣義相對論結合在一起的量子引力理論來研究宇宙起源問題，這一理論的特徵是用量子力學方法處理愛因斯坦的引力理論，將時空進行量子化，從而發展出一套量子宇宙學研究方法。霍金的量子宇宙學可以「無」中生「有」（宇宙從量子狀態「無」自發地透過量子穿隧效應（Quantum tunneling effect）躍遷到具有時空的量子狀態「有」），避免了「奇異點」的出現。在霍金的宇宙中，他還將愛因斯坦的三維閉合空間擴展為四維閉合時空，時間和空間構成了一個有限無界的四維閉合球面，這是一個更加讓人充滿幻想的神奇圖像（但是這僅僅是霍金的一個設想，不能從其他原理導出，他在《時間簡史》中著重強調了這一點）。

現在，在對宇宙起源的探索中，又出現了超弦理論（Superstring Theory）、M 理論（M-theory）、迴圈量子重力理論（Loop Quantum Gravity, LQG）等多種理論的身影，各種學說各有千秋又令人腦洞大開，比如，M 理論提出我們的宇宙起源於高維宇宙膜的碰撞，簡直比科幻還科幻。個人認為，人類對宇宙起源的認知才剛剛開始，現階段的成果還不能看作絕對真理，在這艱難的探索中，我們的道路還很漫長……

---

[07]　是否有人想過，無限大的溫度會不會把時空的幾何結構都熔化了？

12.7 宇宙學常數與暗能量之謎

儘管科學家們已經在試圖揭開宇宙起源的祕密，但令人尷尬的是，我們似乎連宇宙現在的情況都沒弄清楚。最新的觀測數據顯示，在整個宇宙的質量構成中，我們能說清楚的可見物質只占 4.9%（目前宇宙中這些可見物質成分的平均密度約為 $4.3 \times 10^{-25} \mathrm{g/m}^3$），還有占 26.8% 的暗物質和占 68.3% 的暗能量（質能等價）仍是未解之謎。

暗物質是指無法透過電磁波的觀測進行研究，也就是不與電磁力產生作用的物質。暗物質自己不發光，別的光線也能直接穿過它，不與它產生任何作用，所以看起來似乎空無一物，但它就在那裡。人們目前只能透過重力效應判斷宇宙中暗物質的分布。

人們雖然不清楚暗物質是什麼東西，但至少它還能被稱作物質，因為它是有萬有引力作用的。有質量的物體產生重力，符合我們的認知，還不至於讓人難以接受。可是暗能量就不一樣了。人們發現，暗能量產生的竟然是「反重力」！

上文提到，1998 年，天文學家們發現宇宙正在加速膨脹。這是個極其令人驚訝的結果，它與宇宙學家們原先所預測的減速膨脹圖像完全相反。因為萬有引力的吸引特性意味著，任何有質量物體的集合在分散開的時候，其向外膨脹的速度必然會因為物質之間的重力作用而越來越小。所以，人們本以為宇宙膨脹是在踩剎車的，但結果發現它卻是在踩油門，這實在是太出人意料了，從根本上動搖了人們對宇宙的傳統理解。到底是什麼樣的力量在推動宇宙加速膨脹呢？這種力表現為與重力相反的排斥力，它能對抗並超過重力作用而使宇宙加速膨脹，這不可能是任何一個已知的力，所以人們將導致這種力的能量命名為「暗能量」。當然，既然都有個「暗」字，暗能量和暗物質還是有一點相同之處的，那就是暗能量也不參

加電磁相互作用，對光也是透明的。

　　有趣的是，暗能量的概念一提出來，人們就發現它能用愛因斯坦所謂的「最大錯誤」——宇宙項來描述。前面曾提到，愛因斯坦的宇宙項描述的就是一種與重力對抗的斥力作用，這正是暗能量所造成的作用，所以人們意識到，宇宙項不但不是「最大錯誤」，反而可能是必不可少的正確選項。

　　儘管暗能量來自何方還沒有確認，但對於它為什麼會發揮這樣的作用，有人提出一個看上去還算合理的解釋。如果把它看成是與真空有關的能量（量子理論告訴我們，真空存在能量），那麼這種能量的總量就完全取決於宇宙空間的大小。大爆炸開始後，宇宙最初是減速膨脹，但隨著空間的不斷膨脹，暗能量越來越多，當空間膨脹到一定程度的時候，暗能量的排斥力終於超過了物質的重力，成為宇宙中主要的驅動力，於是，宇宙開始加速膨脹，而且它的加速會越來越快。

　　儘管上述解釋看起來似乎很有道理，但是卻存在一個難以克服的巨大困難。按量子場論計算，真空能量密度竟高達 2×10^{103} J/cm^3，而實際測量到的宇宙空間的真空能量密度非常小，僅為 2×10^{-17} J/cm^3，差 120 個數量級。這個巨大的差距很難找到一個合理的解釋，所以上述暗能量與真空有關的說法是否正確還有待於繼續調查。總之，暗能量從何而來到現在仍然是一個未解之謎。

　　中國在 2015 年底發射了「悟空號」暗物質粒子探測衛星，並於 2017 年獲得了國際上精準度最高的電子宇宙射線能譜，發現了疑似暗物質粒子的蹤跡。按照計畫，中國還在 2020 年左右在南極建成「崑崙暗宇宙巡天望遠鏡」，科學目標直指暗物質與暗能量探測。也許在不久的將來，「暗物質」、「暗能量」探索就會取得突破，讓我們拭目以待吧。

12.8　宇宙的未來

在沒有新的發現之前，我們認為宇宙將一直加速膨脹下去，那麼，宇宙的最終結局將會是什麼樣子呢？

結局無疑是淒涼的。隨著空間的膨脹，所有的星系最後都將以超過光速的速度彼此遠離（並不是星體本身的移動速度，而是空間在擴張，擴張的空間並不攜帶任何訊息，因此並不違背光速極限原理），它們的星光將再也不會傳到其他星系，結果使得每個星系都孤零零地存在於黑暗的宇宙中。就拿我們的銀河系來說吧，在 1,500 億年以後，我們的銀河系將變成一個孤島，所有其他星系都將跑到我們的可見宇宙之外。這些星系本身不會消失，但我們的望遠鏡再也看不到它們了。到那時候，如果銀河系還有人的話，他們將認為宇宙中僅有銀河系這麼一點點發光物質，其餘部分都是一片黑暗。

當然，我們也沒必要為此而擔心，因為在那之前，太陽系已經不復存在了。50 億年後，太陽將變成一顆紅巨星，到那時，它的光亮度將增至如今的 100 倍，體積會膨脹 100 萬倍以上，整個地球都會被膨脹的太陽所吞噬。最終，太陽將演變成一顆冰冷的白矮星（White Dwarf）。同樣，其他恆星也逃不過最終熄滅的命運。在遙遠的未來，也許是上百萬億年以後，宇宙中殘存的最後一團星際氣體分子雲（Molecular cloud）也將坍縮成恆星，然後再過幾萬億年後，所有的恆星都將熄滅，留下來的僅僅是由矮星（Dwarf star）、中子星（Neutron star）和黑洞構成的毫無生機的宇宙。在更遠更遠的未來，矮星會逐漸毀滅於質子衰變、中子星會逐漸毀滅於中子衰變、黑洞會逐漸蒸發消失，最終留下一個幾近無限稀薄的由基本粒子構成的趨於絕對零度的宇宙，荒涼而寒冷，一片死寂……

13 超時空之旅

　　黑洞是宇宙中最令人感興趣的天體，它的質量、密度、重力是如此之強，以至於連光線都無法逃脫。黑洞裡面究竟有何玄機？它會不會是穿越時空的一扇大門呢？神祕的時空之「洞」，除了黑洞之外，還有白洞和蟲洞，這些根據廣義相對論計算出來的神祕時空通道藏有哪些祕密？人類真的能實現超時空之旅的夢想嗎？

13.1 史瓦西黑洞的發現

　　1915 年底，愛因斯坦剛剛創立廣義相對論不到一個月，他還沒來得及求解自己的引力場方程，就被別人捷足先登了。這個人叫史瓦西，當時竟然正在俄國前線打仗。

　　與愛因斯坦一樣，史瓦西也是德國猶太人。西元 1873 年，他出生在法蘭克福一個商人家庭。史瓦西從小就熱衷於天文學，16 歲那年就在《天文學通報》上發表了兩篇研究三體問題（Three-body problem）和雙星軌道的論文。23 歲那年，他拿到了博士學位。之後，史瓦西一直在德國天文學界工作。1909 年，史瓦西被任命為波茨坦天體物理天文臺臺長，這是當時德國天文學界最有聲望的職位。1910 年，哈雷彗星造訪地球，他對此進行了深入的研究。在這前後，他又在光譜學領域做出了重要貢獻。40 歲那年，史瓦西當選為德國國家科學院院士。

　　1914 年 7 月底，第一次世界大戰爆發。8 月，史瓦西投筆從戎，志願參軍。很快，他被派到比利時，擔任一個氣象站的站長。之後，又被調到法國，到砲兵部隊去計算彈道。1915 年，他向柏林科學院提交了論文《風和空氣密度對飛彈軌跡的影響》，但由於保密原因，直到 1920 年才發表。不久，他又被派到東線戰場，從此踏上了廣袤而寒冷的俄國大地。

　　史瓦西雖然身處戰地，但仍然關心著科學的進展。1915 年底，當他得知愛因斯坦發表了廣義相對論的重力場方程式後，立刻投入到了方程式的求解研究中。僅僅 20 多天後，他就得到了重力場方程式的一個靜態球對稱真空解。12 月 22 日，在天寒地凍的俄國前線，史瓦西將論文寄給了愛因斯坦。

　　這篇論文令愛因斯坦大為讚賞，他給史瓦西回信說：「我抱著最大的興趣閱讀了你的論文。我沒有想到，能有人以這樣簡潔的形式求出精確解。我非常喜歡你的數學處理手法。」1916 年 1 月 13 日，愛因斯坦代表史瓦西將這篇論文向普魯士科學院做了匯報。這個精確解，從此被命名為「史瓦西解」。重力場方程式的解就是四維時空度規，所以史瓦西解也叫「史瓦西度規」。

　　僅僅幾週後，愛因斯坦又代表史瓦西向普魯士科學院匯報了第二篇論文，這篇論文給出了均勻密度球體內部的重力場方程解，稱為「史瓦西內解」。

　　簡而言之，史瓦西設定了這樣一個處於真空中的天體，它的電荷量為零（電中性），角動量（Angular Momentum）為零（不自轉），宇宙學常數也為零。這本可以用於描述地球和太陽之類自轉緩慢的天體，但史瓦西發現，如果這個天體被壓縮到一個足夠小的半徑以後，物體脫離該天體的最小速度（稱為脫離速度（Escape velocity））將超過光速。這就意味著沒有任何東西能夠逃出它的魔掌，因此它本身也無法被看見，這就是所謂的「黑洞」（這個名字是美國物理學家惠勒 1967 年時命名的）。這種黑洞後來被稱為「史瓦西黑洞」。

　　對於「黑洞」這個概念，注重實踐和觀測的史瓦西並不願接受。他認為，這個數學上的解根本沒有實際的物理意義，他不相信黑洞是真實存在的。

　　不幸的是，史瓦西還沒來得及繼續他的研究，就在俄國前線染上了一

種疾病——天皰瘡，這在當時是絕症。他的病情很快嚴重起來，於 1916年 3 月被送回德國，兩個月後就不幸去世，年僅 43 歲。此時，距他將論文寄給愛因斯坦還不到半年！這顆科學界的巨星就此消失在茫茫夜空中。

閔考斯基、傅里德曼以及史瓦西，當時為數不多的相對論大師，都是剛剛在相對論領域做出一些創舉就英年早逝，不得不說是歷史的遺憾，令人扼腕嘆息。

13.2　進入黑洞內部

人們發現在黑洞外面只能探測到它的三個訊息：質量、電荷和自轉（即角動量）。史瓦西黑洞是最簡單的黑洞，不帶電荷，也不自轉，只有質量。如果一個質量足夠大的天體在重力作用下不斷坍縮，最後將坍縮成一個無限緻密的「奇異點」，形成黑洞。黑洞存在一個重力半徑，稱為史瓦西半徑（見圖 13-1）。這個半徑形成一個奇異的球面，這個球面內連光都跑不出來，可以說它就是黑洞的邊界，物理學家稱之為「事件視界」（Event Horizon），意思是我們能看到的區域的邊界。事件視界以內的任何東西我們都看不到。如果有東西進入了事件視界，那它就進入了黑洞內部，再也出不來了。黑洞內部的質量都集中在中間的奇異點上，其他地方空空如也，全是真空。

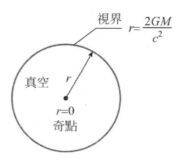

圖 13-1 史瓦西黑洞示意圖。史瓦西半徑可用圖中公式計算，式中 G 是萬有引力常數，M 是黑洞的質量，c 是光速

　　根據公式計算可知，如果太陽被擠壓進半徑 3 公里的球內，或者地球被擠壓成一個乒乓球大小，它們就將形成一個黑洞。當然，太陽和地球這樣的天體是無法坍縮為黑洞的，現代宇宙學表明，只有質量大於 8 個太陽的恆星才有可能坍縮為黑洞。恆星自誕生起，其中心就進行著熊熊的氫融合反應，融合反應的能量對抗著重力坍縮而維持一個內部的平衡，這一過程穩定而漫長，約占恆星整個核燃燒時長的 99%。當恆星中心的氫全部融合為氦後，內部平衡被打破，恆星溫度在重力坍縮作用下急遽升高，於是外殼的氫被點燃並猛烈膨脹，中心區也會發生新的融合反應。對於質量大於 8 個太陽的恆星，首先將經歷一個體積急遽膨脹的紅超巨星階段，然後會發生超新星爆發，把大部分物質拋撒到太空，最後剩下的核心會坍縮為中子星或黑洞（見圖 13-2）。

　　我們知道，重力場會導致時間變慢，黑洞附近的重力場非常強，以至於使時間慢到幾乎停滯的程度。如果你觀察一艘飛向黑洞的太空船，你會發現，太空船越接近黑洞，就飛得越慢，最後太空船竟然停在了黑洞的事件視界面上不動了，定格成了一座永久的雕像。

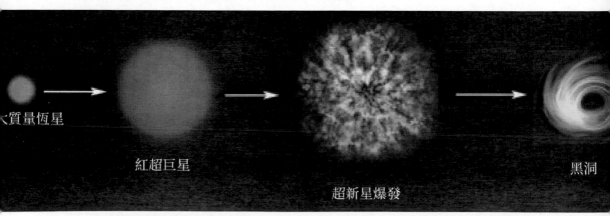

大質量恆星　　　　紅超巨星　　　　超新星爆發　　　　黑洞

圖 13-2 大質量恆星的演化

你之所以看到這樣的景象，是因為你觀測到的太空船上的時間停滯了，但太空人並沒有覺得自己的時間變慢，他覺得自己在正常地生活、操作，太空船正常地趨近黑洞，並且正常地進入了黑洞。兩種時間的對比見圖 13-3。

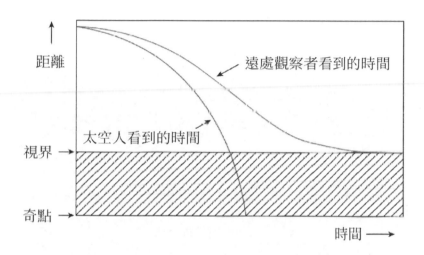

圖 13-3 太空船進入黑洞過程中太空人經歷有限的時間，但在遠處觀察者看來，太空船趨近黑洞的過程將持續無限長的時間，永遠不能越過事件視界

既然太空船進入了黑洞，那麼外面的人怎麼還能看到它？原來，你看到的不是太空船本身，而是它留在黑洞外的「背影」。黑洞事件視界附近重力極其強大，太空船越靠近黑洞，它發出的「背影」光子跑出來得越慢，當太空船進入事件視界時，它的「背影」光子只有在完全垂直於黑洞表面的方向才能逃逸出來，而且被重力吸引滯留在黑洞表面，只能一點一點地往外跑，要經過無窮長的時間才能逐漸跑出來。所以，你會看到太空船的「背影」滯留在那裡，似乎定格了。當然，黑洞事件視界附近時空彎曲得極其厲害，你看到的太空船「背影」可能會被扭曲到根本看不出來是什麼了。圖 13-4 給出了一個用電腦模擬的黑洞扭曲周圍空間的例子。

那麼太空人的遭遇又將如何呢？他在接近黑洞事件視界的過程中，如

果從舷窗向外看，將會看到一幅奇異的景象：首先看到腳下一個黑影不斷地逼近，然後越來越大，到後來甚至彎過來包住了他，他的上空還能看到外面的星星，但是範圍越來越小。這種奇異的景像是因為黑洞附近的光線被嚴重地偏折導致的，這時候雖然太空人感到自己身處深淵，其實還沒落入黑洞。一旦他上方最後一點星光也被黑影所吞沒，他才真正落入了黑洞內部，這時，更奇異的現象在等著他 —— 時空顛倒。

 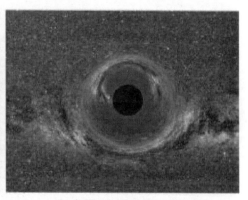

(a)銀河系的初始圖像　　　　　　　　(b)出現一個黑洞後看到的圖像

圖 13-4 德國圖賓根大學的物理學家 Kraus 用電腦模擬的黑洞對空間的扭曲。如果一個質量為 10 個太陽的黑洞出現在圖 (a) 所示的銀河系星空中，你在距離事件視界 600 公里處觀察，就會看到圖 (b) 的景象。可以看到，黑洞內部沒有光線逃逸出來，所以它像是空間背景上的一個全黑的孔洞，孔洞周圍的光線被嚴重扭曲，可能要繞著孔洞轉幾圈才能跑出來

研究顯示，黑洞內部有一個奇異的特點：時空座標互換。進入事件視界以後，時空座標會互換，原來的半徑方向變成了時間方向，它從事件視界指向黑洞中心。由於時間的流逝是不可抗拒的，進入黑洞的太空船將只能直奔奇異點而去，那裡是時間的「終點」。也就是說，太空人的時間將在很短的經歷中結束。至於時間結束是什麼意思，恐怕還沒有人能回答。當然，太空人大可不必為自己即將到達時間的終點而憂心，因為他早已被黑洞強大的重力撕得粉碎了。黑洞附近時空極度扭曲，可以把人的身體拉長然後撕成碎片。即使他在進入黑洞過程中僥倖逃脫了重力的撕裂作

用 [08]，奇異點處無限大的重力也會把他身體的每一個原子都撕得粉碎，最後它們被「壓入」奇異點！

13.3　觀測黑洞

黑洞最早的時候並沒有引起人們特別的興趣，是因為那時人們以為不可能存在這樣的天體。但 1960 年代以後，隨著宇宙理論的發展，人們對黑洞的興趣大增，開始在星空中搜尋它。

由於黑洞始終被事件視界包圍，無法與外界進行物質或訊息的傳遞，因而在黑洞內部所發生的一切過程我們都無從知曉，也就是說，它太「黑」了，我們根本看不到它。這樣，要探測黑洞，就只能借助它產生的物理效應來推斷它的存在。

一種是透過重力效應來尋找，即透過它對周圍可視天體的影響來反推黑洞的存在。尤其考慮到在黑洞附近，由於存在極其強大的重力場，其引發的時空彎曲必然會相當顯著，據此可以推測黑洞的存在。

另一種是透過 X 射線源來尋找。黑洞雖然自身不輻射電磁波，但它在「吸食」周圍物質時，它的周圍會發出 X 射線，這些 X 射線並不是黑洞發出的，而是物質掉進黑洞過程中粒子間劇烈碰撞摩擦產生的高溫激發出來的。找到 X 射線源以後再透過其他觀測來推斷周圍是不是有黑洞存在。

黑洞周圍的物質（主要是氣體）在進入事件視界之前，會在事件視界外圍形成熾熱的漩渦盤體，叫做吸積盤（Accretion disk），就像水被吸進排水口的情形一樣。吸積盤旋轉速度非常快，溫度非常高，會放出 X 射線。如果吸積氣體過多，一部分氣體在旋轉磁場的作用下會沿著吸積盤轉動軸

---

[08]　這個力通常被叫做潮汐力，就是作用在物體不同部分的萬有引力之差。我們站在地面上，頭頂和腳底受到的地心引力差大概是三、四滴水的重量，根本感覺不到。但是如果在黑洞附近，頭頂和腳底受到的引力差將非常巨大，足以把人撕裂。

方向被拋射出去，在垂直於盤面方向形成長長的噴流。這些都是尋找黑洞的線索。

　　現在，人類在宇宙中已經辨識出了許多黑洞，大多數黑洞的質量是太陽的幾十倍，但是也有質量可以達到太陽的幾百萬甚至幾十億倍的超大型黑洞。超大質量黑洞多位於星系中心，比如在銀河系中心就有一個質量約為太陽 400 萬倍的大型黑洞。而且大量跡象顯示，幾乎每一個星系的中心可能都有一個超大質量黑洞。

　　2019 年 4 月 10 日，在間接觀測了黑洞幾十年後，人類終於目睹了黑洞真容。這一天，史上第一張黑洞「照片」正式發布，這個黑洞距離地球約 5,500 萬光年，質量約為太陽的 65 億倍，是一個巨橢圓星系中心的黑洞。為了拍這張照片，科學家們動用了分布在全球各地的 8 個大型天文望遠鏡，採用一種特殊的測量技術建構了一個口徑等於地球直徑的「虛擬」望遠鏡 —— 事件視界望遠鏡（Event Horizon Telescope，EHT），EHT 在 2017 年 4 月觀測了 5 天，但隨後用了兩年時間對數據進行後製，才終於合成了照片（見圖 13-5）。

圖 13-5 歐洲南方天文臺 EHT 協作組發布的人類首張黑洞「照片」

這張照片雖然不是很清晰，但還是可以分辨出黑洞的特徵。照片中心就有一個黑洞，黑洞本身是不發光的，所以漆黑一團，周圍的亮光，是吸積盤發出的光。需要注意的是，距離黑洞視界比較近的吸積盤發出的光絕大部分會被吸入黑洞以內，能跑出來的光很少，在照片中呈現為暗區 [09]，所以黑洞的事件視界要比圖中的黑色孔洞還要小不少。只有在遠離黑洞事件視界的區域，吸積盤發出的光才能逃出來，但由於黑洞的超強重力作用，這些光並不沿直線傳播，而是會被彎曲，還存在重力透鏡效應。另外，由於黑洞旋轉導致的效應，我們在地球上看起來吸積盤一邊比另一邊更亮一些。

13.4　黑洞不黑

在很長一段時間內，人們都認為黑洞本身是絕對看不到的，但是，有一個人提出了相反的意見，他就是大家熟悉的量子引力大師和黑洞專家霍金先生。

霍金慣於將量子理論與廣義相對論結合起來思考，他發現，以前人們考慮黑洞時，都沒有考慮量子效應，因此認為黑洞內不會有任何物質跑出來，但是如果考慮黑洞附近的量子效應，這個結論就不一定成立了。

經過認真地研究，霍金在 1974 年確認，黑洞真的有輻射！他證明，黑洞附近存在的量子真空漲落將導致黑洞能透過熱輻射的形式把物質從黑洞內部輻射出來。原來，黑洞並不「黑」！為了紀念霍金的這一成就，黑洞輻射被命名為霍金輻射（Hawking radiation）。

黑洞雖然具有熱輻射，但我們還是很難觀察到它，其原因就在於，黑洞的表面溫度太低了。質量越大的黑洞，其表面溫度越低。質量與太陽質

---

[09]　對於靜止的黑洞，在事件視界附近，只有光的方向恰好垂直於黑洞表面的一個圓錐體內，才會逃逸出去，否則就會一圈一圈繞著黑洞轉圈，最後螺旋著掉入黑洞。事實上，黑洞一般都是高速旋轉的，對於旋轉的黑洞情況會更複雜，黑洞陰影的大小及形狀與黑洞的自旋參量有關。

量相當的黑洞，溫度只比絕對零度高百萬分之一度，更大的黑洞溫度就更低了。所以大質量黑洞的熱輻射很難觀測到。

霍金輻射發現之後，人們意識到，黑洞內的物質會像「蒸發」一樣轉化為熱輻射跑出來，黑洞最終有可能消失！隨著黑洞的不斷輻射，黑洞會逐漸萎縮變小，溫度也在不斷升高，而黑洞的收縮和變熱會導致它的輻射越來越強，「蒸發」逐漸加快。最後，當黑洞質量減小到幾千噸到 1 億噸之間的某個量（我們還不知道確切的數字）、事件視界收縮到比原子核還小時，它將達到極高的溫度（1 萬億到 10 萬萬億攝氏度），從而發生猛烈的爆炸，全部轉化為熱輻射，完全消失在茫茫宇宙中。

雖說黑洞能蒸發，但是過程極為漫長。研究顯示，黑洞不斷地吸積周圍的物質和能量，同時不斷地向周圍發出熱輻射，只有當宇宙的微波背景輻射溫度隨著空間膨脹降到極低，直到低於黑洞的溫度，黑洞的輻射才會大於吸收，才開始真正地蒸發。據估計，幾個太陽質量的黑洞要花費 10^{66} 年才能蒸發完，跟只有約 10^{10} 年的宇宙年齡比起來，這個時間之長是我們無法想像的。

13.5　黑洞、白洞與蟲洞

我們知道，天體質量密度越大，造成的時空彎曲越厲害，就像我們把一個同樣大小的木球和鐵球放在塑膠膜上，絕對是鐵球壓出的洞更深一些。黑洞中心的奇異點質量密度趨於無限大，會對四維時空造成極度的扭曲，如果我們用二維空間來類比的話，則如圖 13-6 所示，可以看到，儘管時空堅硬無比，卻也並非堅不可摧，奇異點可以把它壓得趨於破裂，那麼，有沒有可能黑洞真的把時空壓破了呢？如果真的壓破了，會掉到哪裡去呢？會不會掉到另一個宇宙中去？說實話，誰也不知道，但愛因斯坦的一個發現，卻讓上述想法看上去似乎並非無稽之談。

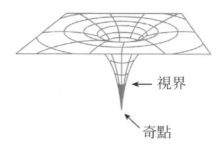

圖 13-6 二維空間中的黑洞造成的空間彎曲示意圖，奇異點處曲率無限大

1935 年，愛因斯坦和他的學生羅森（Nathan Rosen）發表了《廣義相對論中的粒子問題》一文，他們發現，重力場方程式存在這樣的解，就是如果把兩個史瓦西黑洞反向連接起來，便會形成一條連接兩個對稱宇宙的通道，這條通道被稱為「史瓦西喉」（見圖 13-7）。通道有一個最小半徑，等於史瓦西半徑，也就是說，兩個黑洞在事件視界處連接了起來。「喉」這個名字聽起來似乎有點怪異，後來人們給它換了個名字，叫「愛因斯坦 - 羅森橋」（Einstein-Rosen bridge）。這個名字還嫌繞口，再後來，還是命名大師惠勒給它取了個響亮而好記的名字 —— 蟲洞。

需要注意的是，圖 13-7 所示的通道並非指管子中的空間，而是指管壁。因為我們是用圖上的二維曲面來代表我們的四維時空，所以管子中間的空間屬於更高維的空間。

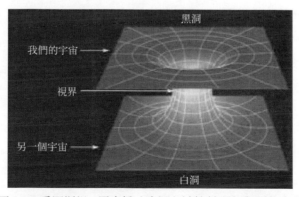

圖 13-7 愛因斯坦 - 羅森橋（蟲洞）連接著兩個對稱的宇宙

由於是兩個黑洞反向連接了起來，所以從我們的宇宙看來，對方的黑洞就是一個相反的黑洞──「白洞」。白洞與黑洞剛好相反，它不斷地向外噴出物質，就像沒有任何物質可以逃出黑洞一樣，也沒有任何物質可以進入白洞。奇異點對於黑洞來說，是時間的「終點」，而對於白洞來說則是時間的「起點」。實際上，白洞就是黑洞的時間反演。

之後你再來觀察蟲洞，就會有一個驚人的發現，黑洞不斷地從我們的宇宙吸收物質，將它們撕成碎片，然後從白洞中拋撒出來，似乎對方的宇宙正在從白洞中創建出來！

這個過程完全可以反過來看，也就是說，對於圖 13-7，如果我們的宇宙在下面，另一個宇宙在上面，那我們就可以被另一個宇宙創建出來！再想想宇宙大爆炸假說，你就會發現我們的宇宙的誕生過程真的很類似一個白洞！我們的宇宙是不是由一個白洞創造出來？再大膽一點說，我們的宇宙是不是本身就是一個白洞？對面是不是有一個對稱的黑洞宇宙？這真是一個瘋狂的想法，但也許並不荒唐。

不過，愛因斯坦對此並不感興趣，他直接否定了這種可能性。他透過研究發現，史瓦西喉是一個無法穿過的通道，只有超光速運動的物體或信號才能穿越這個通道；而且，這條通道是極不穩定的，一點兒微小的擾動就會導致它坍塌，從而導致蟲洞口關閉。因此，愛因斯坦認為蟲洞是一個沒有物理意義的數學模型，對它失去了興趣。

13.6　克爾黑洞與蟲洞

愛因斯坦認為物質無法穿過蟲洞，那是因為他研究的是史瓦西蟲洞，隨著克爾黑洞（Kerr Black Holes）的發現，劇情發生了扭轉。

1963 年，紐西蘭數學家克爾（Roy Kerr）又找到了重力場方程式的另

一個精確解，稱為克爾解。這時候，愛因斯坦已經去世八年了。史瓦西解描述的是靜止的黑洞，而克爾解描述的是旋轉的黑洞，因此這種黑洞也被稱為克爾黑洞。研究顯示，恆星坍縮時會高速自轉，顯然，克爾黑洞才是對黑洞更真實的描述。

　　克爾發現，一個大質量的自轉著的恆星坍縮成黑洞時，它不會坍縮成一個奇異點，相反，它會變得越來越平，最後被壓縮成一個環，可稱之為「奇環」。這個環有個有趣的性質。如果一艘太空船從側面進入黑洞中，它將落到環上並被徹底摧毀，因為這個方向時空曲率仍是無限大。然而，如果一艘太空船沿著自轉黑洞的轉動軸進入環中去，它將遇到一個很大卻並非無限大的曲率，也就是說，它原則上有可能在中心處存活下來，並穿過蟲洞到達對面的宇宙。於是，由克爾黑洞連接的蟲洞就是通往另一個宇宙的通道！

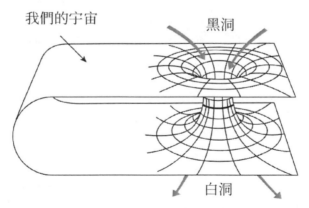

圖 13-8 同一個宇宙內的蟲洞可將遙遠的時空距離大大縮短

　　一九五、六〇年代，人們發現了蟲洞的另一種可能性，那就是它不但可以連接不同宇宙，而且可以連接同一宇宙的不同區域，如圖 13-8 所示。由此引發了人們對於時空旅行的遐想。做太空旅行的人如果能從黑洞進

入，並從另一端的白洞出去，那他就能在很短的時間內越過遙遠的時空距離，實現人類自古以來的夢想——超時空之旅。注意，這裡蟲洞連接的是兩片不同的時空區域，理論上來講，我們是可以回到過去的！

　　當然，我們的宇宙中是否存在白洞還不確定，因為目前尚未被觀測所證實。但有天文學家認為類星體的核心可能是一個白洞。因為類星體不但輻射功率強到不可思議，而且其輻射功率有時竟能在一天之內增加一倍，如此巨大的能量到底從何而來，現有物理機制是無法解釋的，無奈之下，只能歸之於白洞了。

13.7　可穿越的蟲洞

　　1985 年，美國相對論專家索恩（Kip Thorne）及其同事發表了〈時空中的蟲洞及其在太空旅行中的用途〉一文，他們透過求解重力場方程式，找到了一個可以穿越的蟲洞的解。這個解簡單得令人吃驚，它完全不是典型的黑洞解，因此不必擔心被重力撕裂的一切問題。他們把這個解命名為「可穿越蟲洞」，由此可見他們的興奮心情。

　　索恩發現，穿越這個「可穿越蟲洞」的旅行就像搭飛機一樣舒適。旅行者所承受的最大重力不會超過他們在地球上的重量。此外，旅行者永遠不用擔心在旅途中蟲洞入口會關閉，這個蟲洞實際上是永久開放的。穿過這個蟲洞的旅行時間也是可以控制的。「旅行將是完全舒適的，所需的總時間大約在兩百天，或者更少。」索恩在隨後發表的一篇論文中寫道。

　　目前的研究結果顯示，「可穿越蟲洞」有兩類，一類叫歐幾里得蟲洞，另一類叫勞倫茲蟲洞。

　　歐幾里得蟲洞是一類可瞬時穿越的蟲洞，其過程經歷的是「虛時間」，不是我們通常用的實時間。所以，在我們看來，穿越歐幾里得蟲洞

不需要時間。假如一個人能穿越這類蟲洞，他會在洞口瞬間消失，同時瞬間就從另一個洞口冒出。但是目前討論的歐幾里得蟲洞，看來都屬於量子效應，只有微觀粒子才能穿越，宏觀物體將被拒之洞外。

勞倫茲蟲洞是一種能夠看見、能夠長時間存在的蟲洞，也能夠讓宏觀物體穿越。它的洞口就像一個球，可以在天空飄蕩，也可以安裝在某個地方。人進入這類蟲洞的洞口後，會發現洞內有一條時空隧道（即蟲洞本身）通往遠方。外部的人能看見人或太空船進入這個「球」，卻看不見他們穿出來。這是因為時空隧道存在於高維空間中，所以外部的人看不見這條隧道，只能看見隧道的洞口 —— 球。

令人沮喪的是，目前的研究顯示，形成可穿越蟲洞的條件十分嚴苛，嚴苛到幾乎無法實現。撐開一個蟲洞需要大量的負能量物質。因為此時需要一個負曲率的時空區域，如同一個馬鞍面。而正常的物質具有正能量密度，賦予時空以正曲率，如同一個球面。所以為了撐開蟲洞，人們需要負能量密度的物質。

負能物質就是能量為負數的物質，目前只在有關真空的十分精細的物理效應（卡西米爾效應）中觀測到負能量的存在，從質能關係 $E = mc^2$ 分析，能量是負的，那麼它們的質量也應該是負的。如果有外力作用在由負能物質構成的物體上，這個物體將逆著力的方向運動，和正常物體的運動方向剛好相反。

計算顯示，撐開一個半徑 1 公里的蟲洞，需要相當於太陽質量的負能物質；撐開一個半徑 1 光年的蟲洞，需要相當於銀河系恆星總量 100 倍的負能物質。更令人沮喪的是，蟲洞中有強大的張力（負壓強），半徑越小的蟲洞，內部張力越大。在半徑 1 公里的蟲洞中，連原子都會被張力撕碎。原子不會被撕碎的蟲洞至少要半徑 1 光年以上，這還僅僅是保證原子

不被撕碎，還不能保證人和太空船不被撕碎。由此可見，尋找足夠數量的負能物質來撐開一個可以穿過的蟲洞，簡直就是天方夜譚。

山重水複疑無路，柳暗花明又一村。到了 2012 年，有科學家基於超弦理論和 M 理論提出了一種新理論，他們找到了有關蟲洞的一個解，它不需要任何能量來維持自身的開放。對於渴望時空旅行的人來說，這簡直是天大的好消息，可惜這個理論是否正確還有待驗證。另外，遺憾的是，研究顯示，雖然光子和亞原子粒子能夠輕易穿過這一通道，但要想讓人體不受傷害地穿過這一通道，蟲洞的入口直徑需要達到數十到上百光年。看樣子這還是一個不可能實現的夢想。

正是：

慣系特殊重力怪，狹義相對遇難題。
相對原理推廣義，等效原理建奇功。
重力場裡時間緩，四維時空竟彎曲。
物質運動看幾何，幾何又由物質定。
解鎖時空場方程，天體宇宙奧祕破。
黑洞白洞和蟲洞，穿越時空路何方？

14 時間之箭

人們習慣了在空間中自由地來回移動，所以總是對無法在時間中來回移動耿耿於懷，於是絞盡腦汁地研究是否真的存在一個時間箭頭阻止我們回到過去，或者說到底有沒有逆轉時間箭頭的可能性？現在我們已經累積了足夠多關於時間的知識，是時候討論一下有關時間箭頭的問題了。

14.1 有關時間箭頭的討論

根據我們自身的經驗，似乎空間本身並無方向，而時間卻有個箭頭，我們先來總結一下前面各章節中出現的與時間箭頭有關的結論。

第 1 章中我們指出，時間是對運動的反映，時間反映的是物質運動變化過程的先後次序和持續性質。第 6 章中指出，你永遠不會追上以前的任何一束光，所以你絕不會看到過去發生的任何事情，你無法打破光速壁壘而看到時間倒流。第 7 章中指出，只要你的運動速度足夠快，你就可以進行時間旅行，但遺憾的是，你只能向未來旅行，卻無法回到過去。第 8 章中，我們發現了時空是一個整體，在四維時空 x—y—z—ict 裡，空間的數量關係是實數關係，時間的數量關係是虛數關係。人們可以在空間裡來回移動，卻不能在時間裡隨心所欲，其原因可能就在於我們感受到的是實時間而不是虛時間。第 12 章中，我們了解到時間有一個起點，那就是大爆炸開始時的奇異點。第 13 章中，我們又了解到黑洞中心的奇異點竟然是時間的終點，而白洞中心的奇異點則是時間的起點。

另外，我們在 12 章中提到，在霍金的宇宙裡，時間和空間構成了一個有限無界的四維閉合球面，這是一個讓人充滿幻想的神奇圖像，因為按照這個圖像，如果你沿著你感覺到的直線方向在宇宙中一直走下去，那麼

你最後還會回到出發點，而且這個出發點是出發時的時空點。這就意味著你在時空中繞了一個大圈子，最後又回到了過去出發那一刻。但是，這個美好的圖像也許注定無法實現，因為霍金的四維閉合時空是以虛時間為基礎的，在實時間中會遇到奇異點而中斷。退一步講，即使你能進入虛時間，你也不可能回到過去，因為宇宙太大了，任何一個人都不可能在有限的生命裡完成這樣的旅行。又有人說了，按照時間延緩效應，如果我以光速飛行，那就能長生不老了，是不是可以完成這樣的旅行呢？還是不行！因為宇宙是在加速膨脹的，即使你達到光速，也追不上宇宙膨脹的進程，隨著空間的膨脹，所有的星系最後都將以超過光速的速度彼此遠離，你的旅程根本沒有盡頭，永遠也不可能繞個圈子回來。

14.2　三種時間箭頭

眾多的證據都指向同一個結論：時間是存在方向的，時間是不可逆流的。霍金在《時間簡史》中指出，至少存在三種不同的時間箭頭：第一個是熱力學時間箭頭，即熱力學第二定律所指明的時間流逝方向；然後是心理學時間箭頭，這就是我們感覺時間流逝的方向，在這個方向上我們可以記憶過去而不是未來；最後，是宇宙學時間箭頭，宇宙在這個方向上膨脹，而不是收縮。

熱力學時間箭頭是最重要的時間箭頭，它是一個由物理定律規定的明確的箭頭。熱力學第二定律又叫「熵增定律」，這條定律指出，在一個孤立系統中，自發的任何過程都伴隨著「熵」的增加。「熵」是一個熱力學概念，它是體系「混亂」的量度。比如說你打碎一個杯子，杯子的混亂度（熵）就增加了，這是一個不可逆過程，杯子不會自動從無序的碎片狀態再返回來變成有序的整體狀態，如果這樣的話熵就減少了，違背了熱力學第二定律。所以這條定律所強調的核心是自然過程的不可逆性，熵只能增

加不能減少，這就清楚地指明了時間流逝的方向。

　　有人說，照這麼說，宇宙本身就是一個孤立系統，它應該朝著混亂度增大的方向演化，那為什麼會出現太陽、地球甚至人類這樣高度有序的物體呢？

　　實際上，這種說法忽視了兩點，第一點就是宇宙中的黑洞和白洞，這些地方可能和其他宇宙有連通，也許有能量的輸出和輸入，宇宙並不孤立。那如果把所有連通的宇宙都算上呢？不就孤立了嗎？好吧，即使這樣，還有第二點，那就是重力的作用和空間膨脹的作用，這些作用導致宇宙是遠離平衡狀態（Equilibrium state）的。根據非平衡狀態熱力學的耗散結構理論（Dissipative structure theory），當系統遠離平衡時，整體的熵以極快的速率增加，這是與第二定律一致的，然而在局部區域卻允許自發產生極其有序的自組結構，使得太陽、地球以至人類得以出現。打個比方來說，系統整體熵增加了100，可能有一個很小的區域熵減少了50，而剩餘區域熵增加了150，這樣一來，熵減少了50的區域就會允許有序結構的自發出現。

　　還有一個時間箭頭是心理學時間箭頭。心理學時間箭頭是我們感覺最明顯的箭頭：我們覺得自己正從過去走向未來，我們只能回憶過去而不能預知未來。從心理學的角度看，「過去」是確定的，「未來」是不確定的。時間的箭頭就意味著我們在不斷地把不確定的「未來」變成確定的「過去」。這種情況有點像量子力學中的測量，測量使不確定的量子疊加態（Superposition state）轉化為確定態（Stationary state），一旦轉化成確定態，就再也沒法變回疊加態了，這就是一個不可逆的過程。個人認為，我們就像一臺機器，在不斷地測量著這個世界，心理學時間箭頭就是這種不可逆測量的表現。

　　第三個時間箭頭是宇宙學時間箭頭。宇宙大爆炸後，時空誕生，然後時空不斷膨脹，從開始到現在，一直在膨脹，這就是一個箭頭。但是時間在膨脹，空間也在膨脹，為什麼我們可以在空間裡自由移動，在時間裡就不行呢？這可能與我們只能感受「實時間」有關。霍金在《時間簡史》中指出：

　　「虛時間是不能和空間方向區分的。如果一個人能往北走，他就能轉過頭並朝南走；同樣的，如果一個人能在虛時間裡向前走，他應該能夠轉過來並往後走。這表示在虛時間裡，往前和往後之間不可能有重要的差別。另一方面，當人們觀察『實』時間時，正如眾所周知的，在前進和後退方向存在著非常巨大的差別。」

　　我們知道，時空 x-y-z-ict 從數學角度來講是四維空間，也許是考慮到既然四個維度都是空間維，所以霍金提出上述觀點。但由時間決定的空間維度和其他三維最大的區別就是它是虛數而另三維是實數，它透過「虛時間」表現出來。因為人類沒法感受「虛時間」，所以就沒法在這一維裡自由移動。

　　目前看來，宇宙會一直膨脹下去，而且還是加速膨脹。但是，萬一有一天宇宙開始收縮了，時間會倒流嗎？研究顯示，隨著宇宙膨脹，宇宙的熵在增加，與熱力學第二定律一致；即使宇宙開始收縮了，熵仍然會增加，第二定律仍然成立，時間箭頭並不會倒過來。近年來，英國物理學家彭羅斯（Roger Penrose）等人從微分幾何和廣義相對論角度做了探討，他們論證在宇宙的收縮階段熵仍將繼續增加，大塌縮的終極奇異點不同於大爆炸的初始奇異點，二者並不對稱，終極奇異點的熵高於初始奇異點的熵。

　　總之，這三個箭頭都顯示，時間的流逝是不可逆的，我們無法回到過去。

14.3　關於時間旅行的討論

上述三個時間箭頭表示，時間並不能逆流回去，但並沒有規定不能以其他方式回到過去。如果不改變時間箭頭的方向，而是沿著閉合的時間曲線運動，在時間中繞個圈子回到過去，則並非不可能。比如說，從可穿越的蟲洞穿越回去。這個方式雖然目前看來是不現實的，但總是存在理論上的可能，那麼，如果一個人真的回到過去，會發生什麼情況呢？

這時候，就要考慮人們常提到的一個悖論，那就是「祖父悖論」（Grandfather Paradox）。關於這個悖論有很多版本，其實核心內容都一樣，那就是：如果一個人真的回到過去，阻止了自己祖父的婚姻，那麼這個時間旅行者根本就不會出生，他又怎麼可能從未來回到過去呢？他還會不會存在呢？

因為這個悖論如此荒誕，所以反證了「回到過去」是不可能的。有學者提出，也許人能回到過去，但無法改變過去，只能看不能動，不能改變歷史，霍金將其稱為「協調歷史假想」。也有人說，按美國物理學家艾弗雷特（Hugh Everett III）提出的平行世界理論，一個人阻止了祖父的婚姻，不過是讓宇宙多分裂一次罷了，這時候出現了另一個平行宇宙，在那個宇宙裡會展開新的歷史進程，這類想法霍金稱之為「選擇歷史假想」。比較而言，霍金認為還是協調歷史假想更可靠一些。

我們來假想一下，假設一個人能穿過蟲洞回到過去，會發生什麼情況呢？要注意，蟲洞是透過高維空間打通的，如 13.7 節所述，要把高維空間撐到一個很大的尺度你才有可能回到過去，這時候，其實你已經置身於高維空間中，照協調歷史假想，你也許能在高維空間中俯視曾經發生的一切，但卻沒法改變它。從這個角度來講，「祖父悖論」是可以避免的，回到過去也許是有可能的。

　　值得注意的是，對於微觀粒子來講，由於其量子特性，粒子本身就處於不確定的疊加態，所以祖父悖論似乎並不存在。如 13.7 節所述，對亞原子粒子來說穿越蟲洞並不困難，但是對於宏觀物體來講則比上青天還難。

14.4　微觀尺度的時間逆流

　　如果仔細分析前述三個時間箭頭，就會發現它們有一個重要的特點：這些箭頭全都是宏觀箭頭！

　　要知道，熱力學的研究對象是由大量微觀粒子組成的宏觀系統。熱力學第二定律在本質上是一種統計規律，所以它僅適用於宏觀系統，對於由少數粒子構成的系統將不再成立。單個微觀粒子的行為服從力學規律，是可逆的，只有大量粒子的集體行為才顯現出不可逆性。所以熱力學箭頭對分離的、少數的微觀粒子並不會作用。

　　心理學箭頭就更不用說了，對於微觀粒子來說，根本就沒有這個箭頭。

　　宇宙學箭頭本質上與熱力學第二定律是一致的，所以微觀粒子也不會受這個箭頭影響。

　　從物理學定律來看，牛頓力學、電磁學、量子力學、廣義相對論等，對於時間都是可逆的，也就是說，把時間倒過來上述理論也都是成立的，只有熱力學例外。現在熱力學時間箭頭對微觀粒子不發生作用了，甚至三個時間箭頭對微觀粒子都不發生作用了，那麼，微觀粒子可以沿著時間逆向旅行似乎並無障礙。

　　在量子理論中，一個沿時間軸正向移動的粒子等價於一個沿時間軸反向移動的反粒子。而且量子理論發現，真空並不「空」，真空中不斷地

有各種虛粒子對 [10] 的產生、湮滅和相互轉化的現象，稱為量子真空漲落（Quantum fluctuation）。這些虛粒子對在極短的時間內一起出現、分離，然後回到一塊並且相互湮滅（見圖 14-1（a））。因為沿時間軸正向移動的反粒子等價於一個沿時間軸反向移動的正粒子，於是就可以認為這對虛粒子是在時空中沿著一個閉合圈運動的單個正粒子（見圖 14-1（b））。這就意味著，量子理論在微觀尺度上允許時間倒流。

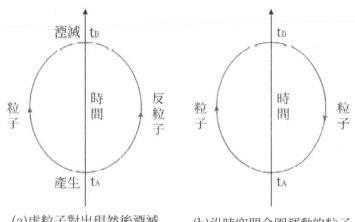

(a)虛粒子對出現然後湮滅　　(b)沿時空閉合圈運動的粒子

圖 14-1 量子理論在微觀尺度上允許時間倒流，從時間點 t_B 逆流返回時間點 t_A 的粒子，在我們看來就是從時間點 t_A 出發飛到時間點 t_B 的反粒子

　　更令人吃驚的是，霍金指出，黑洞的霍金輻射就可以看作是這種時間倒流產生的物理效應。在黑洞附近，當一個虛粒子對產生後，如果帶負能量的粒子（既可能是正粒子，也可能是反粒子，為了敘述方便，在此假設是反粒子）掉進黑洞，沒法再出來和正粒子湮滅，正粒子就可能跑到遠處。而落入黑洞的反粒子就相當於從黑洞中沿時間逆流出來的正粒子。這

---

[10]　虛粒子是不能直接被觀測到的粒子，但存在可間接測量的物理效應（比如原子內部空間是真空，在其中會有虛粒子對的產生與湮滅，它能使電子的軌道能量略有改變）。真空中產生的虛粒子對一個帶正能量、另一個帶負能量，以保持能量守恆。這對虛粒子既可能正粒子帶正能、反粒子帶負能，也可能正粒子帶負能、反粒子帶正能。只有帶正能的粒子才能在我們的宇宙中長時間存在。

樣，就可以認為是一個正粒子從黑洞裡逆時間逃出來，然後順時間跑到遠處。對一位遠處的觀察者來說，他就會認為是黑洞內部輻射出了粒子，所以黑洞會「蒸發」。

按照霍金的觀點，物體在虛時間裡可以自由地前進倒退，據此猜想，微觀粒子可以實現時間逆流，是不是因為它們能進入虛時間的緣故呢？這種想法並非空穴來風，在量子力學路徑積分的歷史求和方法中，粒子透過某一點的機率是對透過該點的所有可能路徑進行求和，然而，用實時間求和會遇到嚴重的技術問題，只有對發生在虛時間內的粒子的路徑進行求和才能求解，而且結果與實驗吻合得非常好。

無論是穿越蟲洞還是時間倒流，對亞原子粒子來說似乎都不是難事，而對人類來講，穿越到過去的夢想也許只能在戲劇中實現了⋯⋯

第三部分
統一場論

15　時空與萬物至理

建立廣義相對論以後，愛因斯坦已經站在了科學之巔，但是他並不滿足，就像武俠小說中的高深內功一樣，他把相對論分為三層境界：第一層是狹義相對論，第二層是廣義相對論，第三層是統一場論（Unified Field Theory）。在創立廣義相對論以後的 30 年裡，愛因斯坦一直致力於探索相對論的第三層境界 —— 統一場論。在去世前一年，他還發表了一篇關於統一場論的重要論文；在他臨終前，病房的床頭櫃上仍放著一疊厚厚的手稿，記錄著他對統一場論未完成的研究。這項耗盡了愛因斯坦後半生的工作，最終使愛因斯坦抱憾而去，他悲嘆道：「我完不成這項工作了，它將被遺忘，但將來一定會被重新發現！」

15.1　卡魯扎的五維時空

在愛因斯坦的廣義相對論中，不但重力場方程式可以用四維時空中的張量形式寫出來，而且電磁場方程式也可以寫成張量的形式，這些方程式都自然地符合廣義相對性原理的思想：在任意座標變換下形式不變。

但是，這裡還存在一個問題，那就是重力場和電磁場各行其是，看上去並沒有什麼連繫。你可能要問，這是一個問題嗎？為什麼一定要把它們連繫在一起呢？它們不是分別工作得好好的嗎？也許對我們來講，這根本不應該是一個問題，但是對愛因斯坦來說卻不然，因為他要探索的是自然界的終極規律！他認為自然界應該只有一種作用力，重力和電磁力的作用應該用一個統一的方程表示出來 —— 統一場方程式。於是，在建立了廣義相對論之後，愛因斯坦開始構建一個更為宏大的物理學圖景：將重力場和電磁場統一起來的統一場論。他知道，如果他能成功，這將是人類掌握物理規律的終極理論！

　　就在愛因斯坦還在醞釀他的理論時，有人已經捷足先登了。1919 年 4 月，愛因斯坦收到一封信，這封信來自德國柯尼斯堡大學一個不知名的數學家卡魯扎（Theodor Kaluza）。在這封只有幾張紙的信中，卡魯扎讓愛因斯坦大吃一驚。

　　卡魯扎引入了五維時空（四維空間和一維時間），他把愛因斯坦廣義相對論中四維時空的度規張量 $g_{\mu\nu}$（見 10.5 節）推廣為五維時空中的新度規張量 $G_{\alpha\beta}$（α 和 β 代表下標中的 1、2、3、4、5）。這個五維度規既包含愛因斯坦原來的重力場四維度規，也包含了電磁場的度規，換句話說，這位不知名的科學家正在全心全意地把當時已知的兩種最偉大的場論 —— 愛因斯坦的重力場理論和馬克士威的電磁場理論 —— 結合起來。這正是愛因斯坦所尋找的統一場論！

　　我們來看看卡魯扎的五維度規張量：

$$G_{\alpha\beta} = \begin{bmatrix} g_{11} & g_{12} & g_{13} & g_{14} & A_1 \\ g_{21} & g_{22} & g_{23} & g_{24} & A_2 \\ g_{31} & g_{32} & g_{33} & g_{34} & A_3 \\ g_{41} & g_{42} & g_{43} & g_{44} & A_4 \\ A_1 & A_2 & A_3 & A_4 & 1 \end{bmatrix} \qquad (15\text{-}1)$$

　　在這個 5×5 的度規張量矩陣中，左上方的 4×4 矩陣表示的就是愛因斯坦的重力場，右邊以及下邊的 A_1、A_2、A_3、A_4 表示的是馬克士威的電磁場，令剩下一個空位等於 1。就這樣，卡魯扎把重力場和電磁場整合在了一起。

　　在此，卡魯扎不但想統一重力和電磁力，他還希望讓電磁力有著和重力一樣的產生原理 —— 時空的變形。他提出，電磁力是時空在第四空間維度上的彎曲。正如質量能讓周圍的三維空間變形一樣，電荷也會影響這第四個空間維度。

猛一看，這好像只是一種數學技巧，只是簡單地把時空從四維拓展到五維。但令人震驚的是，只要把五維場論分解成四維場論，馬克士威方程組和重力場方程式便依然如故。換句話說，卡魯扎成功地把兩塊拼圖拼了起來，因為它們都是一個更大的整體的組成部分，這個整體就是五維時空。

這封信在愛因斯坦那裡待了整整兩年之久，對卡魯扎來說，這真是一段考驗耐心的日子。看來，愛因斯坦還是心存疑慮的。但愛因斯坦最終確認這篇文章是值得公布的，於是推薦其在《普魯士科學院會議報告》上發表，並冠以一個令人印象深刻的題目——〈論物理學的統一問題〉。

卡魯扎的論文發表後，受到的質疑大大多於贊同，大家一致的疑問是：第五維在哪裡？因為根本沒有任何實驗證據，而卡魯扎也拿不出能證實第五維存在的實驗方案。

幾年後，瑞典物理學家克萊因（Oskar Klein）替卡魯扎回答了這個問題。他的回答很聰明：額外的維度蜷縮成一個尺度為普朗克長度（10^{-35} 公尺）的微小圓圈。也就是說，額外的空間座標軸不像其他座標軸那樣是伸展開來的直線，而是在每一個四維時空點蜷縮成一個個很小的圓圈，被束縛在我們不可能測量得到的極其微小的區域之內，所以在實驗上是觀察不到的（見圖 15-1）。打個比方來說，這很像是柳丁的表面，如果你靠近去看它，它的表面是凸凹不平的，布滿了皺褶；但如果你從遠處去看它，你就看不到那些皺褶，它似乎是光滑的。

克萊因這一猜測是無法驗證的，物理學家們不相信無法用實驗驗證的理論，所以他們對此不感興趣。另外，五維時空理論還存在著一些與實驗事實不符的致命缺陷。該理論所預言的粒子不可能是電子、質子或任何已知的基本粒子，它所預言的粒子都很重，即使最輕的也要比已知粒子重 19

個數量級，以至於這些粒子之間的重力將和電磁力一樣強，這在普通原子中當然是不可能的。也許正是由於這個困難，愛因斯坦對增加額外維度的理論心存疑慮。總之，這個模型沒有成功，很快就被人們遺忘了[11]。

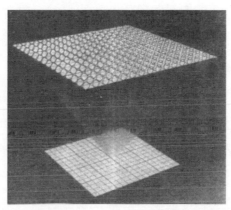

圖 15-1 克萊因（Oskar Klein）提出，如果把空間區域放大，能在普朗克尺度上觀察，就會發現蜷縮的額外維度（網格結構代表三維空間，圓圈代表微小的蜷縮維，這些圓圈存在於每一點，為了清楚起見，我們只把它們畫在網格的交點處）

15.2　愛因斯坦夢碎統一場

1923 年以後，愛因斯坦全力以赴去探索統一場論。鑑於卡魯扎的失敗，愛因斯坦選擇了另一條道路 —— 探索超越黎曼幾何的幾何學。

愛因斯坦研究的還是四維時空，但賦予了比黎曼幾何更普遍的幾何。他試圖不對度規張量 $g_{\mu\nu}$ 作對稱性限制。如 10.5 節所述，$g_{\mu\nu}$ 的 4×4 矩陣中共含 16 項，但由於對稱性的原因，只有 10 個獨立項。愛因斯坦的思路是，如果沒有對稱性限制，那麼這個 4×4 的矩陣就有 16 個獨立項。愛因斯坦猜想，除了原來的 10 項以外，非對稱度規中的另外 6 項也許代表著

[11]　關於五維時空，我覺得可以換一個和卡魯扎不同的角度來思考。當我們觀察二維空間的彎曲時，會發現實際上它已經進入了第三維空間，同理，我們討論四維時空彎曲時，如果沒有進入第五維，它該如何彎曲呢？也許第五維不但存在，尺度還可能很大。後文介紹的 M 理論就認為存在尺度很大的額外維度。

電磁場，包含 3 個電場份量和 3 個磁場份量。正是這一想法引導愛因斯坦走過了生命中的最後幾十年。他詢問了許多數學家，很快就發現這是一個全新的領域。事實上，在愛因斯坦懇求下，許多數學家開始研究「後黎曼」幾何學，來幫助他探索新的可能存在的宇宙。包含有「扭轉」和「扭曲空間」等概念的新幾何學很快就建立起來。但是，這些抽象的空間直到幾十年後超弦理論出現，才開始應用於物理學。

對愛因斯坦來說，研究後黎曼幾何學無異於盲人摸象。剛開始幾年他非常樂觀，以為勝利在望，但後來發現困難重重，1928 年以後差不多轉入純數學的探索。他在狹義相對論中找到了光速不變原理和狹義相對性原理作為指導原則，在廣義相對論中找到了等效原理和廣義相對性原理作為指導原則，但對於統一場論，他沒有能夠找到任何指導原則。他嘗試著用各種方法，但都沒有取得成功。

儘管如此，鑑於愛因斯坦的巨大聲望，新聞界對他的一舉一動還是異常關注。1929 年，他提出一個統一場論的新版本，媒體對此消息大肆渲染。《紐約時報》頭條出現了聳人聽聞的標題：〈愛因斯坦將所有物理學歸結為一個定律〉。《時代》雜誌對他進行專訪，以他的照片作為封面。其他報刊紛紛跟進，甚至連百貨商店都在櫥窗裡貼出了他的論文讓路人閱讀。但是物理學家們卻並不買帳，以言辭犀利著稱的量子物理學家包立（Wolfgang Ernst Pauli） 對愛因斯坦說：「你這個理論是純數學的，與物理現實無關，在一年內你會放棄。」果然，不到一年愛因斯坦就放棄了這個新理論。他後來又提出兩個更新的版本，均以失敗而告終。

在統一場論的道路上，愛因斯坦屢戰屢敗，但他始終沒有放棄，屢敗屢戰，直到生命的盡頭。1954 年，愛因斯坦去世前一年，他發表了關於統一場論的最後一篇論文：〈非對稱場的相對性理論〉，這篇文章是他在這

方面探索三十年後所得的最後結果。在這篇文章末尾，愛因斯坦對統一場論進行了一般性的評述，他指出增加空間的維數是一條可能的統一之路，但他著重指出：「在這種情況下，人們就必須解釋為什麼時空在表觀上是限於四維的。」另外，他還指出場的「量子化」也是一條可能的道路。他指出的這兩條道路，正是後來人們取得突破的道路，但遺憾的是，他自己並沒有選擇這兩條路，他走的還是經典物理學之路。事實上，愛因斯坦對他的統一理論的一個希望就是，它能夠對量子力學已經成功解釋的現象，提供一種非量子力學的解釋。

1955 年 4 月 18 日，愛因斯坦因腦溢血逝世，享年 76 歲。在他的病床旁邊，仍然是他未完成的統一場論手稿。「出師未捷身先死，長使英雄淚滿襟。」愛因斯坦帶著遺憾離開了這個世界。巨星隕落，長歌當哭，從此，世上再無愛因斯坦。

15.3 統一場論路在何方？

在那個年代，愛因斯坦基本上屬於孤軍奮戰，除了他在堅持經典統一場論的研究外，其他人很少涉及這一領域，因為那時候量子場論已經發展起來了，人們認為量子場論比經典場論更有前景，所以更多的人還是投身到了對量子場論的研究中。

20 世紀初，物理學發生了兩次革命，深刻地改變了人們對於世界的理解，除了相對論外，另一次革命就是量子力學。量子並不是一種粒子，而是一種概念，它指的是小尺度世界的一種傾向：物質的能量和其他一些屬性都傾向於以特定的方式不連續地、離散地變化。量子力學突破了經典物理學對世界的決定論（Determinism）描述，運用非決定論（Indeterminism）揭示了微觀世界的基本規律。

第三部分　統一場論

簡單來說，經典與量子的區別就在於連續性與離散性、決定論與非決定論的區別。說起來，愛因斯坦還是量子力學的創始人之一呢，可惜他在統一場論的道路上忽視了自己參與創建的量子理論及其發展，這可能也是他統一夢碎的原因之一。

在古典場的概念中，場都是連續分布的，比如最初馬克士威提出的電磁場和愛因斯坦提出的重力場，都屬於古典場。1925 年，德國數學家約當（Ernst Pascual Jordan）首先提出了「場的量子化」的觀點。1927 年，狄拉克考慮到電磁場的載體就是光子，而光子又服從量子力學規律，所以把量子理論引入電磁場，將電磁場量子化，量子場論由此發端。隨後，物理學家們把狹義相對論和量子理論統一起來，奠定了量子場論的基礎。

愛因斯坦去世後不久，人們發現自然界中除重力和電磁力以外，還存在另兩種基本作用力 —— 強力和弱力。這兩種力都是作用在原子核尺度範圍內的力，超過原子核尺度就完全失去作用了，所以發現得較晚。1970 年代，人們利用楊振寧和他的學生米爾斯（Robert Mills）的早期工作，終於建立了描述這兩種力的場方程式。這些場控制著所有亞原子粒子之間的相互作用，被稱作楊 - 米爾斯理論（Yang-Mills theory）。

隨後，人們逐漸發現馬克士威電磁場和楊 - 米爾斯場可以在量子規範場論（「規範」反映的是系統具有某種內在的對稱性）的基礎上統一起來，如果能把重力場也納入量子場論，就可以把所有場都統一起來，四種基本作用力也能統一成一種力！如果成功，可以說這就是物理學的終極理論，就是「萬物至理」！

於是，人們試圖把重力場也量子化，並提出重力場的載體是重力子。就像電磁波的能量由光子攜帶一樣，重力波的能量由重力子攜帶。按理論推測，重力子和光子一樣，靜止質量也為零，運動速度也是光速，但自旋

量子數與光子不同。遺憾的是，人們直到現在也沒有找到重力子的蹤跡。更遺憾的是，直到現在也沒有一種理論能完美地完成重力場的量子化工作，重力場的量子化遠非想像的那麼容易，因為廣義相對論與量子力學在對時空結構的描述中存在著巨大的衝突。

在廣義相對論中，時空是光滑連續的，而量子理論卻認為時空在普朗克尺度（包括普朗克長度和普朗克時間，約 10^{-35} 公尺和 10^{-43} 秒）下發生著劇烈的量子漲落。在量子力學中，沒有任何東西能擺脫不確定原理（簡單來說就是一些成對的物理量不可能同時精確地確定）的限制——時空也不例外。在普朗克尺度下，時空儘管在平均意義上是光滑的，但它實際上卻因不確定原理導致的量子漲落而跌宕起伏。在這個尺度下，時空的量子漲落極其劇烈，時空中充滿微小的蟲洞和泡泡，命名大師惠勒又發明了一個形象的名詞「量子泡沫」（Quantum foam）來描繪這種瘋狂的狀態。在洶湧的量子泡沫中，時間和空間都失去了傳統的意義，根本沒法分辨前和後、左和右、上和下甚至過去、現在和未來。

可以說，在普朗克尺度上，廣義相對論與量子力學是矛盾的，洶湧的量子泡沫和相對論的光滑時空是針鋒相對的，這個矛盾的具體表現就是：把廣義相對論和量子力學結合起來的計算總是得到一個令人尷尬的結果——無窮大。即使透過一種在其他量子場中很好用的「重整化」的數學技巧也解決不了這個難題。

好在廣義相對論與量子力學的矛盾，只出現在普朗克尺度以下，在此尺度之上，廣義相對論與量子力學還是可以和平共處的，它們都能各自準確地描述這個世界。儘管如此，嚴謹的科學家們還是不能容忍，他們希望不論在哪個尺度下，我們的物理理論都能一片和諧，這才證明我們真正掌握了宇宙的本質規律，因此他們費盡心機要把二者協調起來，重力場的量

子化工作就是為了解決二者之間的矛盾，這也正是研究統一場論的意義所在。

那麼統一場論路在何方呢？現在基本上分成了兩派。

一派試圖從廣義相對論出發來統一量子場論，即從廣義相對論的基本原理入手，尋求對它的修正以涵蓋量子現象，其代表是迴圈量子重力理論。迴圈量子重力理論最大的特點是不需要時空背景（稱為「背景獨立」），在這個理論中，動態個體必須透過其他動態個體來加以定義，其主要物理設想都是以廣義相對論和量子力學為基礎，而不附加任何額外的結構。在此基礎上，該理論推導出時空是量子化的，並且提供了研究量子黑洞物理和量子宇宙學的理論框架。

另一派是從量子場論出發來統一廣義相對論，這條路線中所用的多數思想和方法都來自量子理論，其代表是超弦理論和 M 理論。超弦理論和 M 理論將時空的維度大大擴展，其統一之路也走得更遠，被認為是最有希望的「萬物至理」候選者。

當然，也不排除存在第三條路，那就是拋棄廣義相對論和量子場論，另起爐灶，創造新理論。但是，那注定是一條充滿荊棘的道路，勇於嘗試這條路的人恐怕沒有幾個。

15.4　迴圈量子重力與量子化時空

在廣義相對論中，時空是光滑連續的，但是，你有沒有想過，如果用一個可無限放大的放大鏡把時空不斷地放大，它還能保持連續嗎？就像所有物質都有最小的組成單位一樣，時空是否也有最小的組成結構呢？

這個問題廣義相對論沒有回答，但迴圈量子重力理論卻回答了。該理論指出，時空是不能無限分割的，時空也存在著不可分割的基本結構單

元，長度的最小單元是普朗克長度（約 10^{-35} 公尺），時間的最小單元是普朗克時間（約 10^{-43} 秒），低於這兩個值的時空是無法達到的，也是沒有意義的。在此基礎上，空間區域的面積和體積也都是量子化的。在該理論中，空間的量子狀態可以用一些圈圈（稱為「自旋結網圈」）來表示，這些圈圈可以相互打結和連接，形成所謂的「自旋網路」，空間就這樣被編織起來了，形成一個動態的關係網。

顯然，量子化的時空是不連續的，時空流逝就像放電影一樣，一幀一幀疊加起來，看上去像是連續的，實際上是以我們根本察覺不到的微小單元在前進。而且從離散的空間和時間可以得出的一個推論就是：運動也是不連續的。運動只能從一個狀態跳躍到另一個狀態，而不經過任何中間狀態，因為就沒有中間狀態（這正是量子化的基本特徵）。

也許你會覺得量子化的空間很難理解，不過，如果看了下面這個悖論，你就會發現連續的空間更難理解。這個悖論就是：如果一個圓錐被平行於底面的平面切成兩半，那麼上、下兩個截面的面積是相等還是不相等？

如果空間是連續的，那麼就應該相等，照這麼說，把這個錐體無限分割，結果就是，每個上、下底面都相等，它就成了一個圓柱了！

反之，如果空間是由無數普朗克尺度的小顆粒構成的，那麼這個圓錐就是由這些小顆粒一層一層堆疊起來的，它只是表面上看起來光滑，實際上在微觀尺度上從底面每往上一層都小一點，這樣就不會出現上面的悖論了。

我們之所以察覺不到時空量子化，是因為普朗克尺度實在是太小了。要知道，原子的尺度是 10^{-10} 公尺，原子核的尺度是 10^{-15} 公尺，而普朗克長度比原子核還小 20 個數量級。打個比方來說，如果把普朗克長度放大

到圖釘針尖大小，那麼圖釘就會有宇宙那麼大。普朗克時間尺度就更小了，短短一秒鐘就要經歷 10^{43} 個基本瞬間，這正是我們以為時空是連續的原因，也是我們在宏觀尺度上可以放心地應用廣義相對論平滑連續時空的原因。

15.5　超弦理論和 M 理論

我們觀察一個二維曲面，感覺很容易弄明白它的性質，其原因就在於我們是在三維空間中觀察。你可能還記得，狹義相對論中看上去不可思議的尺縮鐘慢效應，一旦在四維時空中觀察，就變得清晰明瞭、簡單易懂。這表示一個道理：自然規律在高維空間中表述時可以變得更簡單。再回過頭來看看卡魯扎的五維時空方案，你就會發現他已經找到了一條通往統一場論的道路：更高維的幾何是把低維幾何統一起來的一條捷徑。

於是，幾十年後，卡魯扎的理論又復活了，不過，這一次更聳人聽聞，為了統一四種力，時空變成了 10 維 —— 四維時空加 6 個蜷縮在普朗克尺度下的空間維，這就是超弦理論。

超弦理論的目標是宏大的，它不光要把四種力統一起來，還要把所有基本粒子都統一起來！

現代物理學標準模型中，基本粒子多達 62 種，幾乎都可以開個粒子「博物館」了，物理學家們認為這不符合物理簡潔性的要求，紛紛猜測這些粒子可能還有更基本的共同結構，超弦理論認為這個結構就是「弦」。

超弦理論的基本思想是，所有基本粒子（電子、夸克、光子，等等）其實都是由一根一維的弦構成（見圖 15-2），弦可以有兩種結構：開弦（open string）和閉弦（closed string）。開弦具有兩個端點，閉弦是沒有端點的封閉圈。這些弦一般只有普朗克長度（10^{-35} 公尺）的尺度。一個基本

粒子的質量、電荷、弱荷、色荷等性質都是由構成它的弦產生的精確共振模式決定的。如果弦的振動劇烈，其能量就大，根據質能關係，質量也就大。這就像我們撥動琴弦時，琴弦振動不同，發出的聲音也不同一樣。

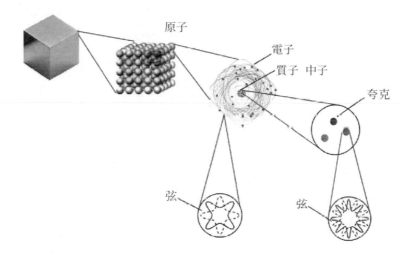

圖 15-2 根據弦理論，所有基本粒子都由一根一維的弦構成

更吸引人的是，超弦理論可以實現重力場的量子化，無須複雜的數學技巧，惱人的無窮大就會消失。因為標準模型中的基本粒子都是沒有體積的零維點粒子，而超弦理論中的基本粒子是一根一維的曲線，這樣就可以自然地避免無窮大的出現，廣義相對論與量子力學可以和諧地統一在一起，這令物理學家們欣喜若狂，於是引發了超弦的研究熱潮。

令人尷尬的是，因為弦的振動模式細節不同，竟然出現了 5 種不同的超弦理論，人們難以取捨，不知所措。到了 1995 年，終於出現了一種能將 5 種超弦理論包容在一起的新理論 —— M 理論（又叫膜理論）。但是，M 理論的空間又擴展了一維，變成了 11 維時空！

超弦理論已經有了 6 個蜷縮在普朗克長度下的維度，再加一個看起來也似乎無足輕重。但是，M 理論加入的這一新維度卻不一定是微小的蜷

縮維度，它可以是一個非常大的維度。這就改變了我們思考世界的方式，意味著「弦」會被拉伸為「膜」，基本物質組成不再只是一維的振動弦，還有零維的點粒子、二維的振動膜、三維的漲落液滴，以及不同維數的高維「膜」，一直到多達 9 維都有對應的結構，它們在大小上可以有很寬的範圍，小到可以描述基本粒子，大到可以包含所有可觀測空間。一般把 p 維的「膜」記為「p-膜」，比如弦是「1-膜」，我們所在的三維空間是「3-膜」。根據 M 理論，是膜的相互碰撞導致了各種粒子的產生，甚至連我們的宇宙也是更高維膜碰撞的產物。

　　M 理論認為重力子可以在高維空間中自由穿梭，而其他 3 種作用力的傳遞粒子被牢牢固定在我們的宇宙中，這就解釋了為什麼重力會比其他 3 種力弱 30 多個數量級。按照該理論，其實重力本來也是很強的，但重力子四散而開，使它的強度洩漏到了其他維度，所以我們的宇宙感受到的重力就非常微弱。

　　儘管 M 理論看上去很美，但它還是處於發展中的理論，而且仍然面臨著卡魯扎所無法解決的那個終極難題：如何證明那些額外維度的存在？人們從理論上設計了一些實驗，比如用高能加速器來尋找弦的存在，或者說在非常微小的尺度上觀察重力與距離是否偏離了平方反比定律（人們認為如果能進入 10 個維度的空間，重力就應該與距離的 9 次方成反比），但是，這些實驗所要求的條件，以人類目前的技術水準是絕難企及的。可是，如果真的證明不了，我們就沒法判定 11 維時空到底是一種數學上的技巧還是一種真實的物理理論，這也許是 M 理論面臨的最大危機。

　　在宏觀尺度上，廣義相對論讓我們對時空的性質有了非常透澈的了解，然而，在微觀尺度上，迴圈量子重力的時空量子化和 M 理論的 11 維時空又讓我們陷入了迷霧之中。對人類來說，破解時空密碼的道路，注定將會艱難而漫長……

後記

　　我的首部科普作品《從量子到宇宙——顛覆人類認知的科學之旅》問世以後，令我沒想到的是，竟然登上了中國好書榜的榜單；更令我沒想到的是，我竟然收到了不少讀者的來信，他們有的和我探討問題，有的就是單純地想聯繫作者以表達對該書的喜愛之情。自己的勞動成果獲得了讀者朋友們的肯定，這對我來說是莫大的激勵，於是，我有了再寫一本書的想法。這一次，我把目光瞄準了與量子力學一樣神奇而又激動人心的物理學變革——相對論。

　　量子的神奇在於微小，相對論的神奇則在於宏大。「仰觀宇宙之大，俯察品類之盛」，這一大一小，填補了人類認知的空白，讓我們見證了這個世界的奇妙，也滿足了我們探索未知的樂趣，這種樂趣只有深入其中的人才能深解其味。

　　掩卷之餘，我覺得意猶未盡，我想的最多的還是這個世界的由來。世界真是太美妙了，有日月星辰，有藍天大海，有花草樹木，還有飛鳥魚蟲，大自然是怎麼造出這麼複雜的世界的呢？科學家們研究世界的方法可以歸納為三個詞：觀察、推理、實驗。首先要觀察這個世界的各種現象，推理出一種理論來描述這些現象，然後透過不斷地實驗來檢驗這個理論對不對，也可以透過實驗來不斷地修正這個理論，最後才能得到科學定律。但是，這個世界太古老了！宇宙已經有了 138 億年的歷史，如果把宇宙比作一盤已經下了很久的象棋，那我們人類就是半路進入的絲毫不懂規則的觀棋者，我們需要不斷地觀察才能總結出一些規律，比如馬走日、象飛田，隨著進一步的觀察，可能才會發現絆馬腿、塞象眼這樣更複雜的規律。但是，要想把這盤棋復原到其原始狀態——也就是找到宇宙的起源

後記

—— 則是難上加難！也許，這盤棋雙方的炮都已經被吃掉了，那麼，我們還能推斷出來曾經有炮的存在嗎？

如果把一個嬰兒放到另一個星球上去，與世隔絕，假使他能自己長大的話，他不會明白這個世界上為什麼只有他一個人，也不會確定還有沒有其他人，他也許能把自己的身體分析得十分透澈，直至倒推出來自己是由一個細胞生長而來的，但他無法推斷這一個細胞是怎麼來的，只好說，在此之前不存在細胞這個概念，這是一個沒有意義的問題。我覺得，我們對宇宙的認知也許就處於這樣的困境中。

再過幾十億年，地球將被太陽的熱浪吞噬，人類存在的痕跡將消失殆盡。宇宙演化至今，也許早已有文明存在過並消失過，也許宇宙的各個角落裡都存在著像人類一樣被困在自己的星系裡走不出去的文明，孤獨一世直至消亡。但是，對每一個文明來說，這浩渺的宇宙都是自己的宇宙，每一個文明都可以自豪地說，這個世界我來過，我探索過，我深愛過，我不在乎結局。

高鵬
2019 年 1 月

從狹義到廣義，揭開相對論奧祕：

從震驚世界的 $E=mc^2$ 到遺憾未完的統一場論，摘下愛氏相對論的神祕面紗

作　　者：高鵬

發 行 人：黃振庭

出 版 者：崧燁文化事業有限公司

發 行 者：崧燁文化事業有限公司

E-mail：sonbookservice@gmail.com

粉 絲 頁：https://www.facebook.com/
　　　　　sonbookss/

網　　址：https://sonbook.net/

地　　址：台北市中正區重慶南路一段六十一號八
　　　　　樓 815 室

Rm. 815, 8F., No.61, Sec. 1, Chongqing S. Rd., Zhongzheng Dist., Taipei City 100, Taiwan

電　　話：(02)2370-3310

傳　　真：(02)2388-1990

印　　刷：京峯數位服務有限公司

律師顧問：廣華律師事務所 張珮琦律師

-版權聲明

定　　價：330 元

發行日期：2023 年 10 月第一版

◎本書以 POD 印製

國家圖書館出版品預行編目資料

從狹義到廣義，揭開相對論奧祕：從震驚世界的 $E=mc^2$ 到遺憾未完的統一場論，摘下愛氏相對論的神祕面紗 / 高鵬 著 . -- 第一版 . -- 臺北市：崧燁文化事業有限公司，2023.10
面；　公分
POD 版
ISBN 978-626-357-670-4(平裝)
1.CST: 相對論
331.2　　112015076

電子書購買

臉書

爽讀 APP